W0257851

Meinem verehrten Lehrer

Professor Harry J. Emeléus

in herzlicher Dankbarkeit gewidmet

Chemische Funktionslehre

V. Gutmann

1971

Springer-Verlag

Wien · New York

Dipl.-Ing. Dr. techn., Ph. D. (Cantab.), Sc. D. (Cantab.) Viktor Gutmann
Professor für Anorganische Chemie, Technische Hochschule Wien, Österreich

Mit 67 Abbildungen und 1 Porträt

ISBN-13: 978-3-7091-8273-4   e-ISBN-13: 978-3-7091-8272-7
DOI: 10.1007/978-3-7091-8272-7

Vorwort

Die vorliegende Studie versucht das chemische Reaktionsgeschehen unter einem einheitlichen Gesichtspunkt zu betrachten. Sie ist das Ergebnis einer langjährigen, insbesondere experimentellen Betätigung auf den Gebieten der Elektrochemie und Koordinationschemie in nichtwäßrigen Lösungen und sie soll zugleich Anregung zu Ergänzungen und zur Verbesserung sein.

Der Betrachtung liegen die experimentell festgestellten wechselseitigen Beziehungen zwischen Redoxreaktionen und koordinationschemischen Umsetzungen zugrunde, also von zwei Reaktionstypen, welche bisher nur getrennt behandelt wurden.

Der neue Aspekt liegt in der Betonung jener Funktion, welche erst bei der Wechselwirkung mit einem Reaktionspartner zum Tragen kommt. Die Funktionsfolge wird durch ein Leitprinzip, das Prinzip der chemischen Funktionsfolge, geregelt. Damit kommt ein einheitliches Bild der Dynamik der chemischen Wechselwirkung nach einem erfolgreichen Zusammenstoß der Reaktionspartner zustande.

Hierdurch wird die zwanglose und einheitliche Beschreibung eines enormen und meist bisher wenig oder überhaupt nicht koordinierten Materials ermöglicht. Da grundsätzlich einem Molekül mehrere Funktionsmöglichkeiten offen stehen, welche außerdem je nach dem Reaktionspartner in unterschiedlicher Intensität entwickelt werden, muß auf streng quantitative Aspekte verzichtet werden.

Manche der bestehenden Beschreibungen mögen sich auch weiterhin innerhalb eines begrenzten Bereiches als nützlich erweisen. Die elektrostatische Betrachtungsweise bleibt z. B. für die Ionendissoziation in ihrer Bedeutung in vollem Umfang erhalten, und das Denken in mesomeren Grenzstrukturen mag manchem anschaulicher und vorteilhafter erscheinen als entsprechend der vorliegenden Betrachtungsweise.

Ein Modell ist um so nützlicher, je größer sein Anwendungsbereich und je höher sein heuristischer Wert ist. Beides erscheint für die vorliegende dynamische und funktionelle Beschreibung im größeren Maße gegeben als für die bestehenden. Es mag daher wohl der Mühe wert sein, sich in die neue Beschreibung hineinzudenken.

Mein aufrichtiger Dank gilt zahlreichen Fachkollegen und Freunden im In- und Ausland, die mich in meinen Bestrebungen ermuntert und bestärkt haben und denen ich manche ergiebige Diskussion und Anregung verdanke. Meinen Mitarbeitern möchte ich für ihre treue Mitarbeit bei der Ausführung der Experimente danken, welche die Grundlage für das Zustandekommen der vorliegenden Studie bilden. Herrn Prof. Dr. A. WITTMANN und Herrn Prof. Dr. F. KUFFNER verdanke ich die kritische Durchsicht des Manuskripts und die wertvolle Hilfe bei der Korrektur.

Wien, im Frühjahr 1971   V. GUTMANN

Inhaltsverzeichnis

πάντα ῥεῖ   „Alles fließt"

Heraklit

Kapitel I

Grundzüge der chemischen Funktionslehre

1. Ausgangspunkt der Betrachtung

Die gegenwärtige Entwicklungsphase in der Chemie ist gekennzeichnet durch die intensive Erforschung des Aufbaues der Stoffe. Die Ausweitung und Verfeinerung physikalischer Methoden ermöglichte den gewaltigen Aufschwung der Strukturlehre, welche zum Verständnis der Chemie außerordentlich wertvolle Beiträge liefert. Gleichzeitig erbrachte die theoretische Chemie weitgehende Erkenntnisse über den Aufbau der Elektronenhülle der Atome und Moleküle sowie über die Natur der chemischen Bindung. Dabei stehen die isolierten Moleküle im Brennpunkt der Betrachtungen, so daß man geneigt ist, von einer „Molekülphysik" zu sprechen.

Die dynamische Betrachtungsweise wird in der Chemie von der Kinetik wahrgenommen, welche die Erscheinungen *bis* zum erfolgreichen Zusammenstoß der Moleküle zu erfassen trachtet, aber im allgemeinen keine Aussagen über die weiteren Veränderungen, die zur Bildung der Reaktionsprodukte führen, erlaubt.

Es ist Aufgabe der vorliegenden Untersuchung, an diesem Punkt einzusetzen und Vorstellungen über die Dynamik der elektronischen Veränderungen nach dem erfolgreichen Zusammenstoß der Reaktionspartner zu entwickeln.

Ausgangspunkt der Betrachtung bildet die Erkenntnis, daß es sich bei jeder chemischen Reaktion um die Ausübung bestimmter Funktionen der reagierenden Atome, Moleküle oder Ionen handelt, welche trotz unserer vertieften Kenntnisse aus ihrem Aufbau nicht oder wenigstens nicht ohne weiteres abgeleitet werden können. Die grundsätzliche Schwierigkeit liegt nämlich darin, daß die Ausübung einer Funktion nicht direkt auf eine Moleküleigenschaft zurückgeführt werden kann, sondern erst bei der Wechselwirkung mit dem Reaktionspartner zur Entfaltung gelangt. Ein Molekül A kann deshalb gegenüber B eine andersartige Funktion ausüben als gegenüber C.

Als Beispiel diene das vielseitige Verhalten des Wassers: es kann entweder als Brönsted-Säure oder als Brönsted-Base fungieren, je nachdem, ob die Funktion zur Protonenabgabe oder diejenige zur Protonenaufnahme entwickelt wird:

$$\overset{\displaystyle H^+}{\overbrace{}}$$

$$H_2O + H_2O \rightleftharpoons [H_3O]^+ + OH^-$$

Weiters kann es sowohl als Lewis-Base, z. B. bei der Hydratation von Metallionen,

$$[M(OH_2)_m]^{n+}$$

als auch als Lewis-Säure, z. B. bei der Hydratation von Halogenidionen,

$$[X(H_2O)_m]^-$$

fungieren.

Schließlich kann es gegenüber starken Reduktionsmitteln, z. B. Natrium,
oxidierend

$$Na + H_2O \rightarrow {}^1\!/_2\,H_2 + Na^+ + OH^-$$

und gegenüber starken Oxidationsmitteln, z. B. Fluor, reduzierend wirken:

$$F_2 + 3\,H_2O \rightarrow 2\,F^- + 2\,[H_3O]^+ + O$$

Eine chemische Funktionslehre muß also die Erscheinung der Amphoterie im
weitesten Sinne des Wortes erfassen. Die Aufmerksamkeit darf grundsätzlich
nicht auf die Betrachtung der isolierten Moleküle beschränkt werden; vielmehr
gilt es, die Dynamik der chemischen Wechselwirkung — also das Verhalten der
Elektronenhüllen der Reaktanten im gegenseitigen Wirkungsbereich — zu
deuten.

Man kann das vielseitige und heterogen erscheinende Material auf Grund der
vorliegenden funktionellen Beschreibung mit Hilfe eines Leitprinzips ordnen,
Einzeltatsachen erklären und miteinander verknüpfen, so daß auch die Vorgänge
der elektronischen Veränderungen bei der Errichtung von Bindungen gedeutet
werden können. Es ist ein Vorteil des vorliegenden Modells, daß sich die elektronische Beschreibung der Reaktionsmechanismen der organischen Chemie
zwanglos einordnet.

2. Der Begriff „Elektronenpopulation"

Unter der „*Elektronenpopulation*"* eines Atoms, Moleküls oder Ions wird im
folgenden die Gesamtheit seiner Elektronen im Grundzustand verstanden. Diese
Elektronenpopulation wird nur dann als „ideal" bezeichnet, wenn die betreffende
Einheit chemisch inert ist, also keinerlei Neigung zur Veränderung des elektronischen Zustandes zeigt. Dies ist z. B. beim Heliumatom oder beim Neonatom der
Fall. Fast alle anderen Atome, Ionen oder Moleküle trachten nach Veränderung
ihrer Elektronenpopulation, welche daher als „nichtideal" bezeichnet wird[1].

---

* Der hier verwendete Begriff „Elektronenpopulation" ist nicht identisch mit dem von
MULLIKEN für ein Molekülorbital verwendeten. Im Sinne einer klaren Begriffsabgrenzung
wäre es zweckmäßiger, im vorliegenden Bild von einer „*funktionellen Elektronenpopulation*"
zu sprechen.

[1] GUTMANN, V.: Mh. Chem. **102**, 1 (1971).

In einfacher Weise kann das Abweichen der Elektronenpopulation von der Idealität dadurch beschrieben werden, daß die Elektronenpopulation entweder zu groß oder zu klein ist, und zwar jeweils in bezug auf diejenige des Reaktanten. Es kann ein und dieselbe Elektronenpopulation von A in bezug auf B zu groß, aber in bezug auf C zu klein sein.

Eine Spezies, deren Elektronenpopulation im Vergleich zu derjenigen des Reaktionspartners zu hoch ist, wird dieselbe bei der Reaktion verringern und daher im weitesten Sinne des Wortes als *Elektronendonor* fungieren. Eine Einheit mit einer im Vergleich zum Reaktanten zu geringen Elektronenpopulation wird diese bei der Reaktion vergrößern und als *Elektronenacceptor* im weitesten Sinne des Wortes fungieren[1,2].

Bei Einheiten, die aus mehreren Atomen bestehen, ist die Ausübung einer Funktion an bestimmte Stellen des Moleküls gebunden, welche als funktionsfähige Zentren bezeichnet werden. Es ist möglich, daß eine Einheit über mehrere funktionsfähige Zentren verfügt. Im Wassermolekül fungiert das Sauerstoffatom als Donor für Elektronen, und die Wasserstoffatome fungieren als Elektronenacceptoren. Aber selbst ein und dasselbe funktionsfähige Zentrum kann — je nach den Reaktionsbedingungen — zur Ausübung verschiedener Funktionen befähigt sein. Es ist z. B. das Eisen(II)-ion einerseits zur Elektronenaufnahme unter Reduktion zu Fe, andererseits zur Elektronenabgabe unter Oxidation zu Eisen(III)-ion befähigt.

In der organischen Chemie ist bekannt, daß die relative Verfügbarkeit der Elektronen — die sogenannte „Elektronendichte" — die Reaktivität „stark bestimmt"[3]. Orte hoher Elektronendichte werden durch elektrophile Reagentien und solche geringer Elektronendichte durch nucleophile Reagentien angegriffen. Wir werden noch sehen, daß die sich daraus ergebenden Folgereaktionen im Einklang mit den Forderungen der im folgenden erläuterten Dynamik der chemischen Funktionsfolge sind.

Die Bezeichnung der Elektronenpopulation als „Elektronendichte" könnte jedoch zu irreführenden Auffassungen führen, denn eine Elektronendichte hat für ein bestimmtes Raumelement einen streng physikalischen Sinn. Bildet man z. B. für ein bestimmtes Atom einen Mittelwert der Elektronendichte für die gesamte Atomhülle, indem man die Anzahl der Elektronen multipliziert mit dem Elementarquantum durch das Atomvolumen dividiert, so ergeben sich für das Natriumatom $6{,}11 \cdot 10^4$ C $\cdot$ cm^{-3} und für das Natriumion $44{,}5 \cdot 10^4$ C $\cdot$ cm^{-3} (Tab. 1). Demnach steht für jedes Elektron im Natriumion wegen seiner im Vergleich zum Natriumatom geringen Raumerfüllung ein wesentlich kleinerer Raum zur Verfügung als im Natriumatom. Bei der Reaktion

$$\mathrm{Na} \rightleftharpoons \mathrm{Na^+} + \mathrm{e^-}$$

erfolgt also eine Erhöhung der „mittleren Ladungsdichte", obwohl hiebei ein Elektron aus dem Atomverband entfernt wird. Im Sinne der vorliegenden Betrachtung wird beim Ablauf der oben angeführten Reaktion die Elektronenpopulation des Natriums verringert.

---

[2] GUTMANN, V.: Allg. Prakt. Chem. **21**, 289 (1970).

[3] SYKES, P.: „Reaktionsmechanismen in der organischen Chemie", Verlag Chemie, Weinheim, 1964, S. 16.

Tabelle 1. *„Mittlere Elektronendichte" (Quotient von Elektronenzahl multipliziert mit dem Elementarquantum und Atomvolumen) für Alkalimetallatome und Alkalimetallionen*

	r [Å]	Mittlere Elektronendichte $[C \cdot 10^{-4} \cdot cm^{-3}]$
Li	1,55	3,07
Li^+	0,60	35,2
Na	1,90	6,11
Na^+	0,95	44,5
K	2,35	5,63
K^+	1,33	29,2
Rb	2,48	9,27
Rb^+	1,48	42,4
Cs	2,67	11,13
Cs^+	1,69	42,6

Beim Begriff der (funktionellen) Elektronenpopulation kommt es nicht auf den Quotienten von Ladung und Volumen an, sondern auf die *relative Verfügbarkeit von Elektronen.*

3. Donor- und Acceptorfunktion

Sowohl Donor- als auch Acceptorfunktion für Elektronen können auf verschiedene Weise erfüllt werden, je nachdem, ob ein Elektronenpaar anteilig wird oder ob ein Elektron zwischen den beiden Einheiten übergeht.

Man hat demnach je zwei Arten der Tendenz zur Ausübung sowohl der Donorfunktion als auch der Acceptorfunktion zu unterscheiden:

a) Funktion als Elektronenpaardonor (EPD) bzw. als Lewis-Base. Unrichtigerweise wird häufig hiefür die Bezeichnung „Elektronendonor" verwendet. Umsetzungen dieses Typs bezeichnet man auch als nucleophile Reaktion, da der EPD jene Stelle des Substrates angreift, an welcher eine zu geringe Elektronenpopulation herrscht, welche somit durch den angreifenden EPD kompensiert wird.

b) Funktion als Elektronendonor (ED) bzw. als Reduktionsmittel. Die Entfaltung der ED-Funktion ist an die Gegenwart eines EA (Oxidationsmittels) gebunden; durch die Abgabe eines Elektrons oder mehrerer Elektronen an den EA wird die eigene Elektronenpopulation verringert.

c) Funktion als Elektronenpaaracceptor (EPA) bzw. als Lewis-Säure, oft fälschlich als „Elektronenacceptor" bezeichnet. Sie wird auch elektrophile Funktion genannt, da stets elektronenreiche Stellen des Substrates angegriffen werden.

d) Funktion als Elektronenacceptor (EA) bzw. als Oxidationsmittel, welches durch Aufnahme des Elektrons von einem ED seine eigene Elektronenpopulation erhöht, während diejenige des ED verringert wird.

EPD- und EPA-Funktionen können je nach der Art des koordinierenden Elektronenpaares näher charakterisiert werden. Hiebei möge an die in der Chemie der Molekülkomplexe übliche Bezeichnungsweise angeknüpft werden[4]:

---

[4] BRIEGLEB, G.: „Elektronen-Donator-Acceptor-Komplexe", Springer-Verlag, Berlin-Göttingen-Heidelberg, 1961.

n-EPD: Es wird ein an einer Bindung nicht beteiligtes Elektronenpaar zur Verfügung gestellt, z. B. von NH_3 oder F^-.

σ-EPD: Das anteilig werdende Elektronenpaar entstammt einer σ-Bindung des EPD, z. B. Alkylhalogenid oder Cyclohexan.

π-EPD: Das Elektronenpaar entstammt einem π-Elektronensystem, z. B. Benzol oder Äthylen, oder es dient zur Errichtung einer koordinativen π-Bindung, z. B. Fe^0 in $Fe(CO)_5$.

σ-EPA: Das Elektronenpaar wird unter Errichtung einer σ-Bindung anteilig, was durch Wechselwirkung sowohl mit einem n-EPD als auch mit einem σ-EPD zustande kommen kann.

π-EPA: Das Elektronenpaar entstammt einem π-Elektronensystem, oder es wird unter Errichtung einer π-Bindung anteilig.

Im allgemeinen wird es nicht schwierig sein, eine Funktion entsprechend einzuordnen. Als *Regel* gelte:

„Jede Elektronenverschiebung, die zur Vergrößerung oder Verringerung der Polarität einer schon bestehenden kovalenten Bindung führt, gilt als ED-EA-Funktionsausübung."

Als *korrelierte Funktionen* werden diejenigen bezeichnet, welche als einander zugehörige Donor- und Acceptorfunktionen aufzufassen sind. Die der ED-Funktion korrelierte Funktion ist die EA-Funktion (siehe Tab. 2). Sowohl n-EPD als auch σ-EPD-Funktionen korrelieren mit der σ-EPA-Funktion. Schließlich sind auch π-EPD- und π-EPA-Funktionen korreliert.

Tabelle 2. *Korrelierte Funktionen*

Donorfunktion		Acceptorfunktion
n-EPD $\big\}$	korrelieren mit	σ-EPA
σ-EPD		
π-EPD	korreliert mit	π-EPA
ED*	korreliert mit	EA*

Unter *Funktionsumkehr* wird der Übergang von einer Donorfunktion zu einer Acceptorfunktion oder umgekehrt verstanden.

Bedingt durch die geringe Anzahl thermodynamischer Daten, vor allem in bezug auf Umsetzungen in nichtwäßrigen Systemen, ist die Heranziehung von Moleküleigenschaften wenigstens zur qualitativen Beschreibung der Reaktionen immer wieder versucht worden. Wiewohl die Verwendung von *Moleküleigenschaften* zu zahlreichen Widersprüchen mit der Erfahrung führen kann, hat sie sich doch in einer Anzahl von Fällen bewährt.

Für die Redoxeigenschaften werden seit langem Moleküleigenschaften verwendet, nämlich das Ionisierungspotential für das Reduktionsmittel und die Elektronenaffinität für das Oxidationsmittel.

---

* Eine weitere Differenzierung zwischen σ-ED-, π-ED- bzw. σ-EA- und π-EA-Funktion ist möglich.

Das *Ionisierungspotential*, auch Ionisierungsenergie genannt, ist jene Energie, die notwendig ist, um ein Elektron aus dem gasförmigen Atom oder Molekül in unendliche Entfernung zu bringen.

Die *Elektronenaffinität* ist definiert als jene Energie, die beim Einbringen eines Elektrons der kinetischen Energie Null aus unendlicher Entfernung in den Atom- oder Molekülverband auftritt. An Stelle der Elektronenaffinität eines Atoms oder Moleküls kann man auch die Ionisierungsenergie des Anions (mit umgekehrtem Vorzeichen) verwenden.

Da die Atome, Moleküle oder Ionen bei der Ablösung eines Elektrons in einen Zustand höherer Oxidationszahl übergehen, ist die Ionisierungsenergie ein Maß für die reduzierenden Eigenschaften, aber als Moleküleigenschaft nur so lange eindeutig, als man sich auf den gasförmigen Zustand bezieht.

Wird die Reaktion in Lösung ausgeführt, so treten Faktoren hinzu, welche das Ionisierungspotential entscheidend verändern können; die unter den neuen Umständen zur Ablösung des Elektrons erforderliche Energie kann sowohl höher als auch niedriger liegen als das für die Gasphasenreaktion bestimmte Ionisierungspotential. Auf diesen Einfluß des Lösungsmittels kommen wir bald wieder zurück (Seite 17 ff.).

Für die EPD-Eigenschaften einer Verbindung wurde gelegentlich der pK_B-Wert herangezogen. Dieser Wert ist in hohem Maße vom Medium abhängig und wird meist für wäßrige Lösungen angegeben. Eine der Ionisierungsenergie analoge Größe, nämlich den ΔH-Wert für die Gasphasenreaktion

$$EPD + H^+ \rightarrow [EPDH]^+$$

gibt es nicht, da das Proton unter den für die Reaktion erforderlichen Bedingungen nicht in freier Form existiert.

Vor kurzem wurde daher vorgeschlagen, die n-EPD-Stärke als relative Größe in bezug auf einen zweckmäßig gewählten Vergleichsacceptor festzulegen. Als Vergleichsacceptor wurde Antimon(V)-chlorid[5] gewählt, welches mit zahlreichen Elektronenpaardonoren 1:1-Addukte bildet[6] und welches weder als ausgesprochen hart noch als ausgesprochen weich zu bezeichnen ist (vgl. Seite 9).

Unter der *n-Donizität* — und im folgenden als *Donizität (DN)** bezeichnet — wird der negative ΔH-Wert der Adduktbildung des n-EPD mit Antimon(V)-chlorid in verdünnter Lösung von 1,2-Dichloräthan — also unter Bedingungen, welche hinsichtlich der Wechselwirkung von den in der Gasphase herrschenden nicht allzu sehr abweichen — verstanden [7-9].

$$EPD + SbCl_5 \rightleftharpoons EPD \cdot SbCl_5; \quad -\Delta H_{EPD \cdot SbCl_5} \equiv DN$$

$$K_{EPD \cdot SbCl_5} = \frac{a_{EPD \cdot SbCl_5}}{a_{EPD} \cdot a_{SbCl_5}}$$

* Diese Größe wurde ursprünglich „Donorzahl" genannt[7-9].

[5] LINDQVIST, I., und M. ZACKRISSON: Acta Chem. Scand. **14**, 453 (1960).

[6] LINDQVIST, I.: „Inorganic Adduct Molecules of Oxo-Compounds", Springer-Verlag, Berlin-Göttingen-Heidelberg, 1963.

[7] GUTMANN, V., und E. WYCHERA: Inorg. Nucl. Chem. Letters **2**, 256 (1966).

[8] GUTMANN, V.: Rev. Chim. Min. **3**, 941 (1967).

[9] GUTMANN, V.: „Coordination Chemistry in Non-Aqueous Solutions", Springer-Verlag, Wien-New York, 1968.

Die log $K_{\text{EPD}\cdot\text{SbCl}_5}$-Werte sind den Donizitäten des EPD proportional (Abb. 1),

$$p \log K_{\text{EPD}\cdot\text{SbCl}_5} + q = -\Delta H_{\text{EPD}\cdot\text{SbCl}_5}$$

so daß an ihrer Stelle, soweit bekannt, auch die $pK_{\text{EPD}\cdot\text{SbCl}_5}$-Werte verwendet werden können.

Die n-Donizität kann auch als *Nucleophilität* oder *Lewis-Basenstärke* bezeichnet werden. Sie bringt die *gesamte Wechselwirkungsenthalpie* des n-EPD gegenüber Antimon(V)-chlorid in sehr verdünnter Lösung von 1,2-Dichloräthan zum Ausdruck, also *einschließlich der elektrostatischen Beiträge* für die Wechselwirkung des Elektronenpaardonors mit Antimon(V)-chlorid.

Tabelle 3. *Donizität DN und Dielektrizitätskonstante (ε) einiger EPD-Lösungsmittel*

Lösungsmittel	DN	ε
1,2-Dichloräthan	—	10,1
Sulfurylchlorid	0,1	10,5
Thionylchlorid	0,4	9,2
Acetylchlorid	0,7	15,8
Tetrachloräthylencarbonat	0,8	9,2
Benzoylchlorid	2,3	23,0
Nitromethan (NM)	2,7	35,9
Dichloräthylencarbonat	3,2	31,6
Nitrobenzol (NB)	4,4	34,8
Essigsäureanhydrid (Ac₂O)	10,5	20,7
Phosphoroxichlorid	11,7	14,0
Benzonitril (BN)	11,9	25,2
Selenoxichlorid	12,2	46,0
Acetonitril (AN)	14,1	38,0
Sulfolan (Tetramethylensulfon)	14,8	42,0
Propandiol-1,2-carbonat (PDC)	15,1	69,0
Benzylcyanid	15,1	18,4
Äthylensulfit (ES)	15,3	41,0
iso-Butyronitril	15,4	20,4
Propionitril	16,1	27,7
Äthylencarbonat (EC)	16,4	89,1
Phenylphosphoroxidifluorid	16,4	27,9
Methylacetat	16,5	6,7
n-Butyronitril	16,6	20,3
Aceton	17,0	20,7
Äthylacetat (Etac)	17,1	6,0
Wasser	18,0	81,0
Phenylphosphoroxidichlorid	18,5	26,0
Diäthyläther (Et₂O)	19,2	4,3
Tetrahydrofuran (THF)	20,0	7,6
Diphenylphosphoroxichlorid	22,4	—
Trimethylphosphat (TMP)	23,0	20,6
Tributylphosphat (TBP)	23,7	6,8
Dimethylformamid (DMF)	26,6	36,1
N,N-Dimethylacetamid (DMA)	27,8	28,9
Dimethylsulfoxid (DMSO)	29,8	45,0
N,N-Diäthylformamid	30,9	—
N,N-Diäthylacetamid	32,2	—
Pyridin (py)	33,1	12,3
Hexamethylphosphoroxitriamid (HMPT)	38,8	30,0

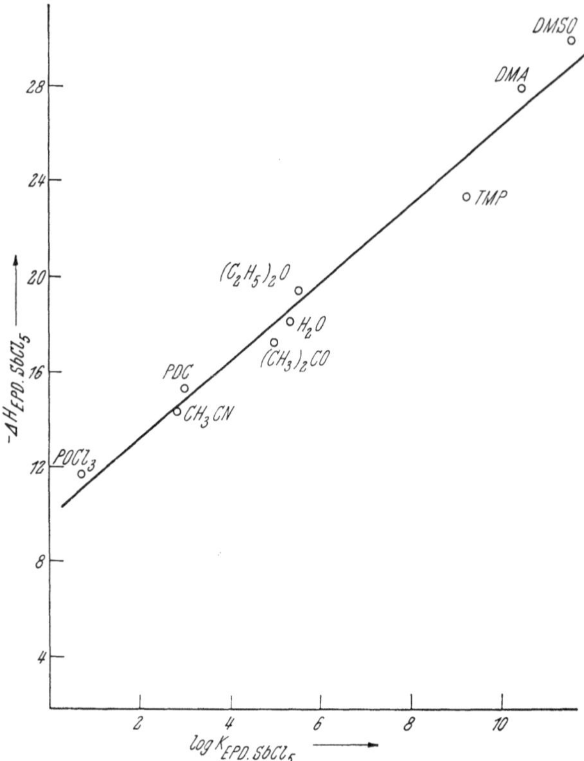

Abb. 1. Zusammenhang zwischen $\log K_{EPD\cdot SbCl_5}$ und $-\Delta H_{EPD\cdot SbCl_5}$ (DN)

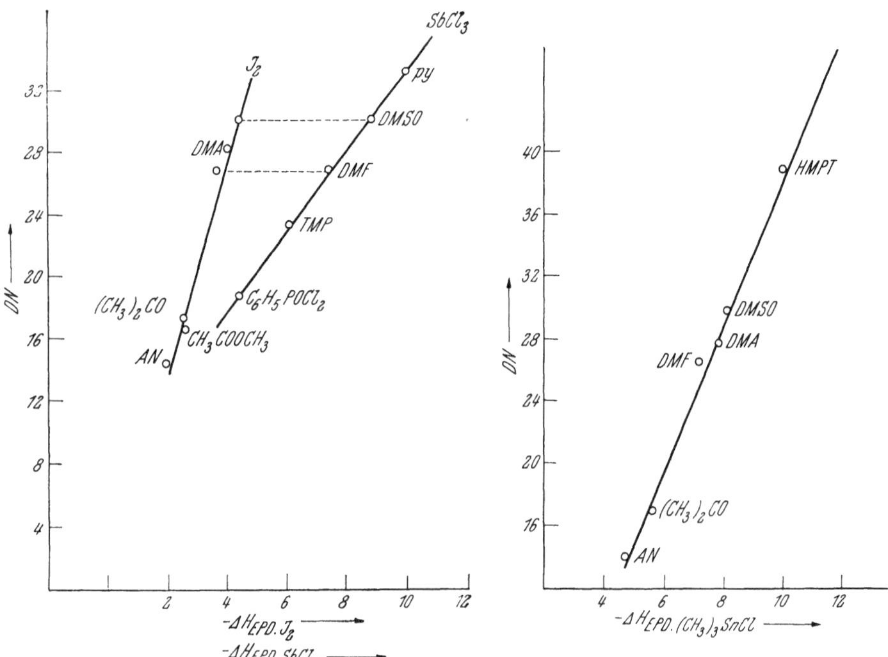

Abb. 2. Zusammenhang zwischen Donizität DN und $-\Delta H_{EPD\cdot J_2}$ bzw. $-\Delta H_{EPD\cdot SbCl_3}$

Abb. 3. Zusammenhang zwischen Donizität DN und $-\Delta H_{EPD\cdot (CH_3)_3SnCl}$

Die $-\Delta H_{EPD \cdot EPA}$-Werte für EPA = Jod, Antimon(III)-bromid, Trimethyl-zinn(IV)-chlorid und Phenol sind annähernd den Donizitäten proportional[7-9] (Abb. 2 und 3). Die Heranziehung der n-Donizität als Moleküleigenschaft für n-Elektronenpaardonoren hat sich in vielen Fällen als überaus nützlich erwiesen[9].

Es wäre erstrebenswert, für π-Elektronenpaardonoren eine π-Donizität etwa aus dem Studium der entsprechenden Charge-Transfer-Komplexe festzulegen (siehe Kapitel XI).

Eine EPA-Einheit, deren Elektronenhülle relativ unbeweglich ist, welche also schwer polarisierbar ist[10] (z. B. ein Alkalimetallion), wird als „hart" bezeichnet[11]. Harte Elektronenpaaracceptoren reagieren bevorzugt mit harten Elektronenpaardonoren, deren „Härte" folgendermaßen abnimmt:

$$N \gg P > As > Sb$$
$$O \gg S > Se > Te$$
$$F \gg Cl > Br > J$$

Diejenigen Metallionen, welche über eine leicht verschiebbare Elektronenhülle verfügen, deren Elektronen also leicht polarisierbar sind, zählt man zu den „weichen" Elektronenpaaracceptoren[11]. Sie reagieren bevorzugt mit weichen Elektronenpaardonoren, und zwar in den Reihungen:

$$Sb < As < P \gg N$$
$$Te \approx Se \approx S \gg O$$
$$J > Br > Cl \gg F$$

Zu den weichen Metallionen gehören die Ionen geringer Ladung, vor allem von Edelmetallen, z. B. Cu^+, Tl^+, Pt^{2+}, Au^+, Ir^+ u. a.

Die meisten in Lösung stabilen Ionen der übrigen Übergangsmetalle, z. B. Mn^{2+}, Fe^{2+}, Co^{2+}, Ni^{2+} oder Cu^{2+}, liegen in ihren Eigenschaften etwa in der Mitte zwischen „hart" und „weich" (Tab. 4).

Tabelle 4. *„Harte" und „weiche" Elektronenpaaracceptoren*

Harte EPA	Im Grenzgebiet	Weiche EPA
Li^+, Na^+, K^+	Fe^{2+}, Co^{2+}, Ni^{2+}, Cu^{2+}	Cu^+, Ag^+, Au^+
Be^{2+}, Mg^{2+}, Ca^{2+}, Sr^{2+}	Zn^{2+}, Pb^{2+}, Sn^{2+}	Tl^+, Hg_2^{2+}
Al^{3+}, Sc^{3+}, Ga^{3+}	Sb^{3+}, Bi^{3+}	Pd^{2+}, Cd^{2+}, Pt^{2+}, Hg^{2+}
In^{3+}, La^{3+}, Gd^{3+}	Rh^{3+}, Ir^{3+}	
Cr^{3+}, Co^{3+}, Fe^{3+}		Pt^{4+}, Te^{4+}
Si^{4+}, Ti^{4+}, Zr^{4+}, Th^{4+}		Tl^{3+}
U^{4+}, Pu^{4+}, Ce^{4+}, Hf^{4+}		M^0 (Metallatome)
UO_2^{2+}, VO^{2+}, MoO^{3+}		

Für die EPA-Eigenschaften steht eine der Donizität entsprechende Kenngröße, die man als *Acceptizität* bezeichnen könnte, noch aus. Ihre Definition und experimentelle Bestimmung wären wünschenswert.

---

[10] AHRLAND, S., J. CHATT und N. R. DAVIES: Quart. Revs. (London) **12**, 265 (1958).
[11] PEARSON, R. G.: J. Am. Chem. Soc. **85**, 3533 (1963).

4. Redoxreaktion und koordinationschemische Umsetzung

Zwischen Redoxchemie und Koordinationschemie gibt es nicht nur keine klaren Abgrenzungen[11a], sondern es bestehen vielmehr charakteristische Zusammenhänge, deren universelle Bedeutung für das chemische Reaktionsgeschehen bisher nicht erkannt wurde.

Durch jede chemische Reaktion werden — wie schon gesagt wurde — die Elektronenpopulationen der Reaktionspartner verändert, und zwar werden sie durch Ausübung einer Donorfunktion verringert und durch Ausübung einer Acceptorfunktion vergrößert. Es ist eine Eigenschaft der Elektronenpopulation, schon auf geringfügige Veränderungen empfindlich zu reagieren, so daß sie in ihrer Funktionsweise entsprechend beeinflußt wird.

Daher werden einerseits durch Koordination die Redoxeigenschaften und andererseits durch den Vollzug einer Redoxreaktion die koordinationschemischen Eigenschaften in bestimmter Weise verändert. Diese gegenseitigen Wechselwirkungen bilden die Grundlage der vorliegenden *chemischen Funktionslehre.*

Selbstverständlich sind räumliche und strukturelle Effekte dafür entscheidend, ob die Reaktionspartner einander in solcher Weise nähern können, daß es überhaupt zur Ausübung einer Funktion kommen kann.

Es ist indessen nicht Aufgabe und Inhalt der chemischen Funktionslehre, diese Faktoren zu untersuchen. Vielmehr setzt die chemische Funktionslehre erst dann ein, sobald die Reaktionspartner in engen Kontakt gekommen sind und daher die Voraussetzungen für die gegenseitige Beeinflussung der Elektronenhüllen der Reaktionspartner erfüllt sind.

Die chemische Funktionslehre geht davon aus, daß eine Redoxreaktion im allgemeinen nicht ohne EPD-EPA-Mitwirkung erfolgt, wie dies z. B. bei der Abtrennung eines Elektrons in der Gasphase der Fall ist.

Es kann ein *Redoxvorgang gedanklich in zwei Teilreaktionen aufgegliedert* werden: in die ED-EA-Wechselwirkung, welche die Reaktion in der Regel einleitet, und in die EPA-EPD-Wechselwirkung, welche die Reaktion in der Regel vollendet. Je geringer der Einfluß der letzteren auf den Gesamtablauf der Reaktion, um so erfolgreicher können die für die ED-EA-Wechselwirkung anwendbaren Moleküleigenschaften, nämlich Ionisierungspotential und Elektronenaffinität, als Kriterien für die Redoxreaktion herangezogen werden.

Ein Redoxvorgang ist daher eine wesentlich durch ED-EA-Wechselwirkung bestimmte Reaktion, deren Gesamtbild in der Regel durch EPA-EPD-Wechselwirkung mitgestaltet wird (siehe vor allem die Kapitel III bis VI, Seite 22 ff.).

Analoge Überlegungen gelten sinngemäß für eine *koordinationschemische Umsetzung: diese ist eine wesentlich durch EPD-EPA-Wechselwirkung bestimmte Reaktion, welche in der Regel durch EA-ED-Wechselwirkung mitgestaltet wird* (siehe vor allem Kapitel VII, Seite 77 ff.).

Je geringer der Anteil der EA-ED-Wechselwirkung an der koordinationschemischen Gesamtreaktion, um so erfolgreicher erweist sich die Heranziehung der Moleküleigenschaften, nämlich der Donizität und voraussichtlich auch der Acceptizität.

[11a] USSANOVICH, M.: Zhur. obshch. Khim. **9**, 182 (1939).

Die Zerlegung einer Redoxreaktion bzw. einer koordinationschemischen Umsetzung in zwei Teilreaktionen ist eine rein formale und soll nicht zwei voneinander abgrenzbare Reaktionsschritte vortäuschen. Es ist vielmehr anzunehmen, daß *die beiden Teilschritte dynamisch ineinander übergehen und zum Großteil simultan ablaufen.*

5. Die Korrespondenzregeln

Es wurde schon erwähnt, daß für ein gegebenes Redoxsystem der Unterschied zwischen Ionisierungspotential und Standardredoxpotential, also dem ΔG-Wert für den Redoxvorgang in Lösung, sehr viel größer sein kann, als unter Berücksichtigung der entropischen Faktoren allein zu erwarten wäre.

Fungiert ein Atom oder Ion als Reduktionsmittel, so wird hiedurch seine Elektronenpopulation verringert und gleichzeitig seine Oxidationszahl erhöht, z. B.:

$$Li \rightarrow Li^+ + e^-$$

Die im Vergleich zum Lithiumatom geringere Elektronenpopulation des Lithiumions bewirkt, daß es zur Funktionsumkehr, also zur Funktionsausübung als Acceptor für Elektronen befähigt wird. Da metallisches Lithium als starkes Reduktionsmittel fungiert, liegt das Redoxgleichgewicht weitgehend auf der Seite der oxidierten Form, d. h. die EA-Eigenschaften des Lithiumions sind sehr gering. Die angestrebte Vermehrung der Elektronenpopulation ist daher weniger durch Aufnahme eines Elektrons möglich, als durch Ausübung der Funktion als Elektronenpaaracceptor. In der Regel sind die EPA-Eigenschaften um so größer, je höher die Ladung ist.

Um die Einheitlichkeit der Darstellung zu wahren, werden die zwischen Ionen und Dipolmolekülen erfolgenden elektrostatischen Wechselwirkungen als ein (quantitativ nicht zu erfassender) Teil der EPD-EPA-Wechselwirkungen betrachtet und nicht getrennt ausgewiesen (siehe Kapitel V).

Jedem Metall als Reduktionsmittel entspricht in der oxidierten Form ein Metallkation, welches als Lewis-Säure fungieren kann. Betrachtet man ein Redoxsystem zwischen verschieden geladenen Kationen eines Metalls, z. B.

$$Eu^{2+} \rightleftharpoons Eu^{3+} + e^-$$

so ist das Kation in der oxidierten Form ein stärkerer EPA als in der reduzierten Form (siehe Seite 20 ff.).

Diesen Sachverhalt hat VLČEK[12] folgendermaßen ausgedrückt: "The redox behaviour depends not only upon the conditions in the compound undergoing a redox reaction but also upon the conditions in the products of the redox process. The localization of the redox charge, and thus also the characteristic redox behaviour, is always such as to make the free energy change of the overall process most favourable. From this generally valid thermodynamic principle it follows that, even if the primary redox change could be connected with the redox orbital in one electron approximation, the particle of the product processes several 'degrees of freedom' and can, by intramolecular changes, reach a more stable configuration, sometimes unrelated to that of the reacting particle. These intramolecular changes,

---

[12] VLČEK, A. A.: Rev. Chim. Min. **5**, 312 (1968).

are, in some cases, connected also with new chemical activity (e.g. acid-base properties), induced by the primary localization of the redox change."

Die erste Korrespondenzregel lautet[1]:

Ein starkes Reduktionsmittel (ED) korrespondiert mit einer Lewis-Säure (EPA).

Werden in der elektrochemischen Spannungsreihe einfache Redoxsysteme mit Einelektronenübergängen in Wasser mit zunehmend positiven Werten für die Standardredoxpotentiale betrachtet, so nimmt die reduzierende Eigenschaft der reduzierten Form ab, und es beginnen dafür EPD-Eigenschaften aufzutreten. Die Verringerung der Elektronenpopulation wird weniger durch Abgabe von Elektronen als durch die Ausübung der Funktion als Lewis-Base, also als EPD, angestrebt.

Das Jodidion übt in Wasser eine schwache ED-Funktion aus, und es korrespondiert mit einem schwachen EPA, dem elementaren Jod. Die oxidierte Form, das Jod, kann nämlich seine Elektronenpopulation bei einer chemischen Wechselwirkung dadurch erhöhen, daß es entweder als schwacher Elektronenpaaracceptor (Lewis-Säure) oder als schwacher Elektronenacceptor (Oxidationsmittel) fungiert.

Betrachten wir in der elektrochemischen Spannungsreihe einfache Redoxsysteme mit wesentlich positiveren Standardredoxpotentialen, so treten die reduzierenden Eigenschaften in der reduzierten Form weiter zurück. Das Fluoridion

$$F^- \rightleftharpoons 1/2\ F_2 + e^-$$

hat praktisch keine reduzierenden Eigenschaften und ist bestrebt, seine Elektronenpopulation dadurch zu verringern, daß es als ziemlich starker EPD fungiert. Elementares Fluor, die oxidierte Form, ist ein starkes Oxidationsmittel, aber keine Lewis-Säure.

Allgemein gilt, daß mit Zunahme der negativen Ladung die Neigung zur Entfaltung der EPD-Funktion zunimmt.

Dies führt zur zweiten Korrespondenzregel[1]:

Ein starkes Oxidationsmittel (EA) korrespondiert mit einer Lewis-Base (EPD).

6. Das Prinzip der chemischen Funktionsfolge (chemisches Funktionsprinzip)

Die Korrespondenzregeln ergeben sich aus dem im folgenden formulierten „*Prinzip der chemischen Funktionsfolge*" (chemisches Funktionsprinzip)[1]. Dem zufolge kann jedes Atom, Molekül oder Ion die durch Ausübung einer Funktion verursachte Änderung der funktionellen Elektronenpopulation nur unter Vermeidung der Ausübung der korrelierten Funktion erreichen:

Wird nach Ausübung einer Funktion die Kompensation der hiedurch veränderten Elektronenpopulation angestrebt, so erfolgt Funktionsumkehr, wobei eine der unmittelbar vorher ausgeübten nicht korrelierte Funktion induziert wird.

Die Funktionsumkehr ist entscheidend für die Dynamik, welche sich innerhalb der Elektronenhüllen während einer chemischen Umsetzung vollzieht. In vielen Fällen ruft eine erfolgte Funktionsumkehr erneut eine solche hervor, so daß erst durch alternierende Ausübung einander nicht korrelierter Funktionen der Endzustand erreicht wird.

Abb. 4 und 5 veranschaulichen auf der Basis der elektrochemischen Spannungsreihe in Wasser die Symmetrie in der Darstellung der grundlegenden Funktionen:

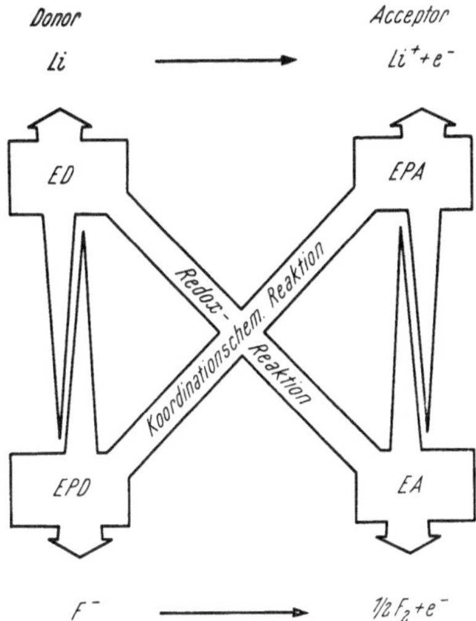

Abb. 4. Donor- und Acceptorfunktionen im Rahmen der elektrochemischen Spannungsreihe

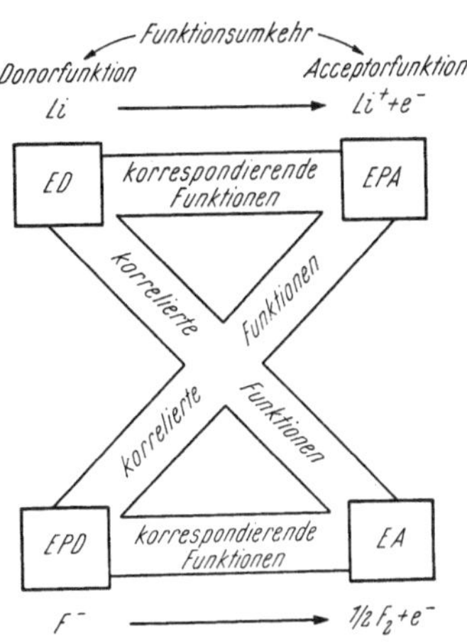

Abb. 5. Funktionsumkehr. Korrelierte und korrespondierende Funktionen

Links stehen Donoren, rechts Acceptoren, korrelierte Funktionen liegen schräg gegenüber: einerseits links oben ED und rechts unten EA, andererseits rechts oben EPA und links unten EPD. Die einander korrespondierenden Funktionen sind waagrecht abzulesen.

Die in Abb. 4 sich verbreiternden Pfeile deuten an, daß die betreffende Eigenschaft beim Vergleich von Einheiten mit gleicher Ladung und ähnlicher Elektronenkonfiguration in angegebener Richtung stärker ausgeprägt auftritt. Die EPD-Eigenschaften der Halogenidionen nehmen vom J$^-$ zum F$^-$ zu.

$$\text{EPD-Funktion: } J^- < Br^- < Cl^- < F^-$$

Dies entspricht dem Gang der Hydratationsenthalpien der Halogenidionen (Tab. 5) und ihrer Einordnung in die elektrochemische Spannungsreihe. Ihre ED-Eigenschaften nehmen in derselben Richtung ab.

$$\text{ED-Funktion: } J^- > Br^- > Cl^- > F^-$$

Andererseits nehmen die EA-Eigenschaften der freien Halogene in entgegengesetzter Richtung ab.

$$\text{EA-Funktion: } F_2 > Cl_2 > Br_2 > J_2$$

und die EPA-Eigenschaften nehmen in derselben Richtung schwach zu (Abb. 6, Seite 17).

$$\text{EPA-Funktion: } F_2 < Cl_2 < Br_2 < J_2$$

Bei den Alkalimetallen sind analoge Betrachtungen möglich: Die ED-Eigenschaften nehmen in Wasser z. B. vom Natrium zum Lithium zu, und die EPA-Eigenschaft für das Lithiumion ist stärker als für das Natriumion, wie die unterschiedlichen Hydratationsenthalpien zeigen (Tab. 5).

Tabelle 5. *Hydratationsenthalpien* $-\Delta H$ *für Alkalimetallionen und Halogenidionen*

Kation	$-\Delta H$ [kcal $\cdot$ mol^{-1}]	Anion	$-\Delta H$ [kcal $\cdot$ mol^{-1}]
Li$^+$	122	F$^-$	123
Na$^+$	95	Cl$^-$	89
K$^+$	76	Br$^-$	81
Rb$^+$	69	J$^-$	72
Cs$^+$	62		

Einheiten mit verschiedener Ladung sind nicht miteinander vergleichbar. Dasselbe gilt auch für Einheiten gleicher Ladung und gleicher Größe, aber verschiedener Struktur der Elektronenhülle. So ist bekannt, daß bei einem weichen d^{10}-Metallion die Hydratationsenthalpie höher ist als bei einem harten Metallion gleicher Ladung und gleicher Größe (siehe Tab. 7 auf Seite 44). Dementsprechend sind auch K$^+$ und Ag$^+$ in dieser Hinsicht nicht miteinander vergleichbar, wohl aber Cu$^+$, Ag$^+$ und Au$^+$.

Bei der Betrachtung der Edelmetalle ist zunächst nicht einzusehen, daß einem oxidierend wirkenden Kation wie z. B. dem Ag$^+$-Ion in der reduzierten Form eine Lewis-Base gegenüberstehen soll. Sicher ist jedoch, daß mit abnehmender Oxidationszahl die Acidität abnimmt, und es ist bekannt, daß Metalle, vor allem Edelmetalle, in negativen Oxidationszahlen basische Eigenschaften entwickeln können.

Seit etwa 40 Jahren ist durch die Untersuchungen von HIEBER und Mitarbeitern bekannt, daß Carbonylhydride deprotonierbar sind[13]. Umgekehrt fungieren Metalle in negativen Oxidationszahlen, z. B. in den Komplexionen $[Fe(CO)_4]^{2-}$ oder $[Mn(CO)_5]^-$ als Elektronenpaardonoren. Solche Einheiten sind befähigt, mit typischen Lewis-Säuren wie Bor(III)-fluorid zu reagieren[14], z. B.

$$[Re(CO)_5]^- + BF_3 \rightleftharpoons [Re(CO)_5BF_3]^-$$

Ähnliches Verhalten ist auch bekannt bei Carbonylen in der Oxidationszahl Null[15], z. B.

$$Co_2(CO)_8 + AlBr_3 \rightleftharpoons Co_2(CO)_8 \cdot AlBr_3$$

Die Reaktionen zahlreicher d-Elemente mit Kohlenmonoxid, welche bekanntlich ohne Veränderungen der Oxidationszahlen erfolgen, wären ohne Entfaltung der EPD-Funktion durch die Metalle nicht möglich, wie in Kapitel XIII, Abschnitt 6, Seite 136 ff., gezeigt wird.

Selbst unedle Metalle wie Eisen sind in der Oxidationszahl Null zur Entwicklung der EPD-Funktion befähigt; dies ist bei den Platinmetallen noch stärker ausgeprägt.

---

[13] HIEBER, W., und H. BEUTNER: Z. Naturf. **17 b**, 211 (1962); W. F. EDGELL, M. T. YANG, B. J. BULKIN, R. BAYER und N. KOIZUMI: J. Am. Chem. Soc. **87**, 3080 (1965).
[14] PARSHALL, G. W.: J. Am. Chem. Soc. **86**, 361 (1964).
[15] CHINI, P., und R. ERCOLI: Gazz. Chim. Ital. **88**, 1170 (1958).

Bei verschiedenen Edelmetallen, wie Rhodium oder Iridium, wird auch in der Oxidationszahl $+I$ in Komplexverbindungen die Entwicklung der EPD-Funktion beobachtet[16], z. B. im sogenannten Vaska-Komplex[17],

$$R_3P \diagdown \diagup CO$$
$$Ir$$
$$R_3P \diagup \diagdown X$$

worauf im Kapitel XIV, Seite 139 ff., näher eingegangen wird.

Diese kurze Betrachtung möge im Zusammenhang mit der in Kapitel IV, Seite 33 ff., gezeigten Stabilisierung niedriger Oxidationszahlen durch Komplexierung mit Lewis-Säuren zu systematischen Untersuchungen über die Entwicklung der basischen Funktion von Metallen anregen.

Wie noch im folgenden gezeigt wird, haben gerade diejenigen Systeme in der Chemie eine hervorragende Bedeutung, welche besonders empfindlich auf die elektronische Umgebung des Reaktanten ansprechen. Dies ist also bei jenen der Fall, welche ihre Funktionen, sei es als Donor, sei es als Acceptor, nur in geringfügigem Maße wahrnehmen können.

---

[16] SHRIVER, D. F.: Accounts Chem. Res. **3**, 231 (1970).
[17] EBERHARDT, G. G., und L. VASKA: J. Catalysis **8**, 183 (1967).

Kapitel II

Redoxpotentiale in wäßriger Lösung und die Stabilisierungsregeln

Aus dem für die Gasphase definierten Wert für das Ionisierungspotential kann unter Heranziehung der Werte der Sublimations- bzw. Dissoziationsenthalpien sowie der Hydratationsenthalpien der ΔH-Wert für die in Wasser erfolgende Redoxreaktion ermittelt werden.

Die hiebei erfolgenden elektronischen Wechselwirkungen können folgendermaßen beschrieben werden:

Mit einem starken Reduktionsmittel ED korrespondiert ein schwaches Oxidationsmittel EA (erste Korrespondenzregel)[1], so daß durch Koordination des letzteren mit den als EPD fungierenden Lösungsmittelmolekülen die Elektronenpopulation des EPA erhöht wird. Diese Erhöhung führt zur Verminderung der Elektronenaffinität von EA und damit zur Verringerung der in der Gasphase bestehenden EA-Eigenschaften und somit zu einer Verlagerung des Gleichgewichtes

$$ED \rightleftharpoons EA + e^-$$

auf die Seite der oxidierten Form: Die Energie, welche zur Abtrennung des Elektrons vom ED erforderlich ist, ist in Lösung geringer, als durch die Ionisierungsenergie in der Gasphase zum Ausdruck gebracht wird, und das Standardredoxpotential wird zu negativeren Werten verschoben.

Eine weitere Verstärkung der ED-Funktion erfolgt dann, wenn der EPD auch mit der reduzierenden Spezies in Wechselwirkung treten kann; hiedurch wird die Elektronenpopulation am ED erhöht und die zur Abtrennung des Elektrons erforderliche Energie gesenkt: das Standardredoxpotential wird zu negativeren Werten verschoben. Dieser Effekt dürfte z. B. zur Ionisation der Alkalimetalle in flüssigem Ammoniak beitragen (siehe Kapitel VII).

Wird einem Redoxsystem

$$M \rightleftharpoons M^+ + e^-$$

ein EPD angeboten, so bewirkt jeder der beiden möglichen Effekte eine Verschiebung des Standardredoxpotentials zu negativeren Potentialwerten (Abb. 6 und 7), da einerseits an der reduzierten Form eine Verringerung des zur Abtrennung des Elektrons erforderlichen Energiebetrages und andererseits an der oxidierten Form eine Verringerung der Elektronenaffinität verursacht wird.

---

[1] GUTMANN, V.: Mh. Chem. **102**, 1 (1971).

Da das Lithiumion mit Wasser stärker in Wechselwirkung tritt als das Natrium-ion (die Hydratationsenthalpie des Li^+-Ions ist größer als die des Na^+-Ions), erfolgt in Wasser beim Lithium eine Verschiebung des Standardredoxpotentials zu negativeren Werten als beim Natrium. Daher wirkt ersteres in Wasser stärker reduzierend als letzteres, obwohl das Ionisierungspotential des Natriums niedriger ist als dasjenige des Lithiums (Abb. 6).

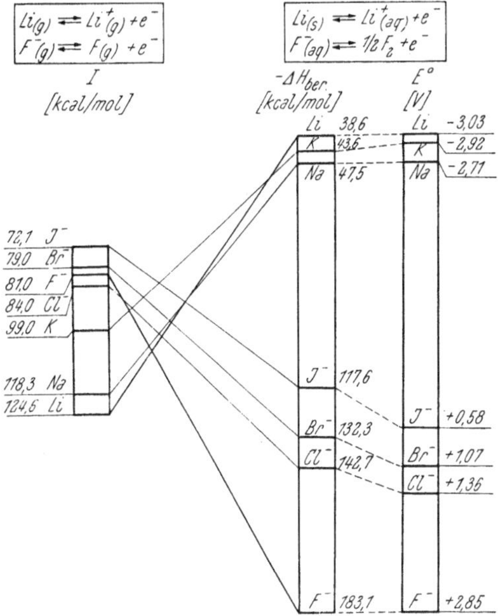

Abb. 6. Gegenüberstellung von Ionisierungsenergie I, den berechneten Werten der Ionenbildung in Wasser ΔH_{ber} und Standardredoxpotential E^0 in Wasser für einige einfache Redoxpaare

Diese seit langem bekannten Effekte dienen zur Stabilitätsbestimmung von Komplexen, z. B. mit Hilfe der potentiometrischen oder der polarographischen Methode[2-4].

Wie schon erwähnt, nehmen die EPD-Eigenschaften der reduzierenden Form zu, wenn wir der elektrochemischen Spannungsreihe zu positiveren Werten der Standardredoxpotentiale folgen. Die konsequente Erweiterung der vorliegenden Betrachtungen auf den Einfluß von Elektronenpaaracceptoren führt zu folgendem Ergebnis:

Durch Koordination eines EPA wird die Elektronenpopulation in der reduzierten Form verringert, so daß die Fähigkeit zur Ausübung der reduzierenden Funktion abnimmt: Die zur Ablösung des Elektrons erforderliche Energie nimmt gegenüber der in der Gasphase feststellbaren zu, und das Redoxgleichgewicht wird auf die Seite der reduzierten Form verlagert, was eine Verschiebung des Redoxpotentials zu positiveren Potentialwerten bedingt[5, 6].

───────────

[2] DE FORD, D. D., und D. N. HUME: J. Am. Chem. Soc. **73**, 5321 (1951).

[3] SCHLÄFER, H. L.: „Komplexbildung in Lösung", Springer-Verlag, Berlin-Göttingen-Heidelberg, 1961.

[4] VLČEK, A. A.: Progr. Inorg. Chem. **5**, 211 (1963).

[5] GUTMANN, V.: Allg. Prakt. Chem. **21**, 289 (1970).

[6] GUTMANN, V.: XIII. I.C.C.C., Plenarvortrag (1970), im Druck.

Die in wäßriger Lösung ausgeprägten Unterschiede der Standardredoxpotentiale der Halogenidionen, deren „Ionisierungspotentiale" sehr ähnlich sind, finden damit eine zwanglose Erklärung: Wie schon erwähnt, nehmen die EPD-Eigenschaften in der Reihe

$$J^- < Br^- < Cl^- < F^-$$

beträchtlich zu, und dementsprechend steigen die Hydratationsenthalpien in derselben Reihenfolge. Die Hydratation dieser Ionen kann nicht auf dem Boden der elementaren elektrostatischen Betrachtungsweise verstanden werden (siehe Kapitel V, Abschnitt 3, Seite 49). Das Lösungsmittel Wasser fungiert als EPA gegenüber den Halogenidionen, und zwar unter Errichtung von Wasserstoffbrückenbindungen, deren Stärke ebenfalls in der gleichen Reihenfolge zunimmt, nämlich

$$J^- < Br^- < Cl^- < F^-$$

Da das Fluoridion wesentlich stärkere Wasserstoffbrückenbindungen bildet als das Chloridion und da mit steigender Wechselwirkung des Anions mit den als EPA fungierenden Lösungsmittelmolekülen eine zunehmende Verschiebung des Standardredoxpotentials zu positiven Potentialwerten resultiert, kommt es nicht nur zur Umkehrung der auf Grund der Ionisierungspotentiale erwarteten Reihung der Redoxeigenschaften, sondern zur bekannten starken Distanzierung von Fluoridion und Chloridion in der elektrochemischen Spannungsreihe in Wasser. In Abb. 6 sind unter Berücksichtigung der Hydratationsenthalpien und der Dissoziationsenthalpien der freien Halogene die ΔH-Werte für die Reaktionen

$$X_{aq}^- \rightleftharpoons {}^1\!/_2\, X_2 + e^-$$

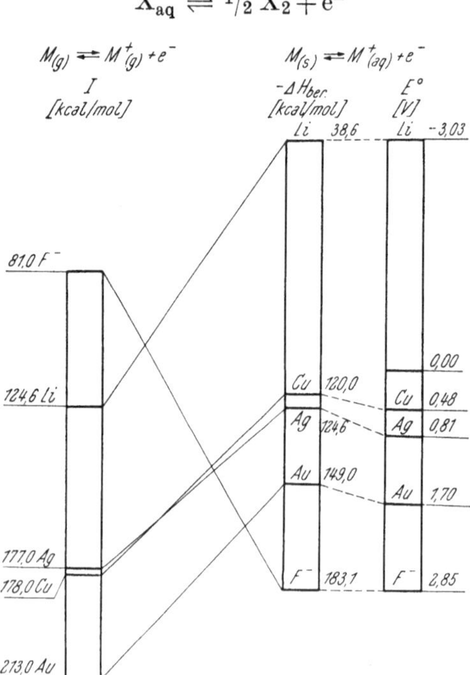

Abb. 7. Gegenüberstellung von Ionisierungsenergie I, den berechneten Werten der Ionenbildung in Wasser ΔH$_{ber}$ und Standardredoxpotential E⁰ in Wasser für einige einfache Redoxsysteme

in Wasser eingetragen und den Standardredoxpotentialen E^0 für die entsprechenden Reaktionen gegenübergestellt (siehe Abb. 6 und Abb. 7).

Kann auch die oxidierte Form mit dem EPA in Wechselwirkung treten, so wird durch die Verringerung der Elektronenpopulation die Elektronenaffinität der oxidierten Form erhöht, und die oxidierenden Eigenschaften nehmen zu: Dadurch wird eine zusätzliche Verschiebung des Standardredoxpotentials zu positiven Werten verursacht.

Die bewährte Regel: „Verschiebung des Standardredoxpotentials zu negativeren Potentialwerten durch Komplexbildung" gilt demnach nur für die Komplexbildung mit Elektronenpaardonoren und soll daher als *Regel der Stabilisierung durch Koordination mit Elektronenpaardonoren* oder als *erste Stabilisierungsregel* bezeichnet werden[1, 5, 6].

Sie ist durch die *zweite Stabilisierungsregel*, nämlich die *Regel der Stabilisierung durch Koordination mit Elektronenpaaracceptoren*, zu ergänzen: Komplexbildung mit Elektronenpaaracceptoren verursacht eine Verschiebung des Standardredoxpotentials zu positiveren Potentialwerten[1, 5, 6].

Da Wasser sowohl als EPD als auch als EPA fungieren kann, ergeben sich Folgerungen vor allem für diejenigen Redoxpaare, welche etwa in der Mitte der elektrochemischen Spannungsreihe liegen, z. B.:

$$J^- \;\rightleftharpoons\; {}^1\!/_2\,J_2 + e^-$$

$$\text{ED} \qquad\qquad \text{EA}$$
$$\text{EPD} \qquad\qquad \text{EPA}$$

Das als EPD fungierende Jodidion wird, wie schon gesagt wurde, durch die Entfaltung der EPA-Funktion der Wassermoleküle hydratisiert. Die reduzierenden Eigenschaften des hydratisierten Jodidions sind geringer als in der Gasphase. Andererseits vermag die oxidierte Form, das elementare Jod, auch als Elektronenpaaracceptor zu fungieren. Es kann also mit als EPD fungierenden Wassermolekülen in Wechselwirkung treten, so daß seine Elektronenpopulation eine Vermehrung erfährt und seine oxidierenden Eigenschaften geschwächt werden. Dieser durch das Wasser verursachte EPD-J_2-Effekt ist jedoch nicht bedeutend.

Da in diesem Falle die reduzierte Form zur Ausübung der EPD-Funktion und die oxidierte Form zur Ausübung der EPA-Funktion befähigt ist, können sie miteinander unter Komplexbildung, nämlich unter Bildung eines Polyjodidions, reagieren:

$$J^- + n\,J_2 \;\rightleftharpoons\; [J(J_2)_n]^-$$

Da im Redoxgleichgewicht

$$J^- \;\rightleftharpoons\; {}^1\!/_2 J_2 + e^-$$

beide Komplexpartner vorliegen, so erfährt das Jodidion durch Koordination mit Jod eine weitere Schwächung seiner reduzierenden Eigenschaften.

Dieser Effekt nimmt ab in der Reihenfolge

$$J > Br > Cl > F$$

und ist auf diese Weise mitbestimmend für die unterschiedlichen Standardredoxpotentiale der Halogenidionen in Wasser. Wenn man annimmt, daß für die Redoxgleichgewichte der Halogenidionen die entropischen Beiträge gleich groß sind, dann sollten ΔH- und ΔG-Werte einander proportional sein. Letztere werden durch das

Standardredoxpotential zum Ausdruck gebracht. In Abb. 6 sind die ΔH-Werte für die Redoxpaare

$$Li \rightleftharpoons Li^+ + e^-$$

und

$$F^- \rightleftharpoons {}^1/_2\, F_2 + e^-$$

den entsprechenden E^0-Werten auf gleicher Zeilenhöhe gegenübergestellt. Trägt man $-\Delta$H- und E^0-Werte auf den betreffenden Skalen für die übrigen Halogenidionen ein, so findet man, daß die Unterschiede zwischen $-\Delta$H- und E^0-Werten in der Reihe

$$F^- < Cl^- < Br^- < J^-$$

zunehmen. Da auch die Stabilität der Polyhalogenidionen in derselben Reihung zunimmt, ist es möglich, daß diese Unterschiede auf die verschieden starke Komplexierung der Anionen durch die oxidierte Form bedingt sind.

Im folgenden Kapitel wird gezeigt, daß für ein Halogenidion in Acetonitril zwei polarographische Wellen erhalten werden, deren positivere der Reduktion des Polyhalogenidions zugeordnet wird[7].

Die beiden Stabilisierungsregeln erklären auch die mitunter beträchtliche Abhängigkeit der Redoxpotentiale vom pH-Wert der wäßrigen Lösungen. Im alkalischen Medium liegen die Standardredoxpotentiale bei negativeren Potentialwerten als in sauren Lösungen, da die Hydroxidionen stärker mit den Metallionen in Wechselwirkung treten, als die Wassermoleküle.

Die Reduktion eines Kations erfolgt leichter in saurer als in alkalischer Lösung, weil die Hydroxokomplexe stabiler sind als die Aquokomplexe.

Tabelle 6. *Standardredoxpotentiale einfacher Redoxsysteme in Wasser bei 25° C*

ED	EA	E^0 [V]	
		saure Lösung	alkalische Lösung
Li $\rightleftharpoons$	$Li^+ + e^-$	$-3,05$	$-3,05$
K $\rightleftharpoons$	$K^+ + e^-$	$-2,93$	$-2,93$
Mg $\rightleftharpoons$	$Mg^{2+} + 2e^-$	$-2,37$	$-2,69$
Al $\rightleftharpoons$	$Al^{3+} + 3e^-$	$-1,66$	$-2,35$
Mn $\rightleftharpoons$	$Mn^{2+} + 2e^-$	$-1,19$	$-1,55$
Zn $\rightleftharpoons$	$Zn^{2+} + 2e^-$	$-0,76$	$-1,22$
Fe $\rightleftharpoons$	$Fe^{2+} + 2e^-$	$-0,41$	$-0,89$
Ni $\rightleftharpoons$	$Ni^{2+} + 2e^-$	$-0,23$	$-0,72$
Pb $\rightleftharpoons$	$Pb^{2+} + 2e^-$	$-0,13$	$-0,54$
Cu $\rightleftharpoons$	$Cu^{2+} + 2e^-$	$+0,34$	$-0,22$
Ag $\rightleftharpoons$	$Ag^+ + e^-$	$+0,80$	$+0,34$
Pd $\rightleftharpoons$	$Pd^{2+} + 2e^-$	$+0,99$	$+0,07$
Au $\rightleftharpoons$	$Au^{3+} + 3e^-$	$+1,50$	$+0,70$

Bei den Alkalimetallen ist das Standardredoxpotential vom pH-Wert praktisch unabhängig, da Alkalihydroxide in wäßriger Lösung vollständig dissoziiert und ihre hydratisierten Metallionen nicht deprotonierbar sind; es erfolgt keine Koordination von Hydroxidionen und daher keine Verschiebung zu negativeren Potentialwerten.

[7] KOLTHOFF, I. M., und J. F. COETZEE: J. Am. Chem. Soc. **79**, 1852 (1957).

Eine analoge Behandlung eines Systems, bei dem sich reduzierte und oxidierte Form nicht nur in der Elektronenpopulation, sondern auch in Zusammensetzung und Struktur unterscheiden, z. B. bei den Reaktionen:

$$Mn^{2+} + 4\,H_2O \;\rightleftharpoons\; [MnO_4]^- + 8\,H^+ + 5\,e^-$$
$$NO + 2\,H_2O \;\rightleftharpoons\; [NO_3]^- + 4\,H^+ + 3\,e^-$$
$$2\,[HSO_4]^- \;\rightleftharpoons\; [S_2O_8]^{2-} + 2\,H^+ + 2\,e^-$$

ist naturgemäß nicht möglich.

Wenn einerseits die Redoxeigenschaften durch koordinationschemische Einflüsse verändert werden, dann müssen andererseits die koordinationschemischen Eigenschaften durch den Vollzug einer Redoxreaktion beeinflußt werden.

Da im Verlaufe einer Oxidation eine Elektronenabgabe durch die reduzierte Form erfolgt, so ist die Elektronenpopulation in der oxidierten Form geringer als in der reduzierten Form; sie ist um so geringer, je höher die positive Ladung ist.

Es nehmen daher die EPA-Eigenschaften mit steigender Ladung zu, z. B.

$$Eu^{2+} < Eu^{3+}$$
$$Fe^{2+} < Fe^{3+}$$
$$Cu^+ < Cu^{2+}$$
$$Na < Na^+$$

und sie nehmen mit steigender negativer Ladung ab, z. B.:

$$Br > Br^-$$

da durch Elektronenaufnahme die Elektronenpopulation in der reduzierten Form vermehrt wird.

Zusammenfassend ergeben sich folgende *Regeln*[5, 6]:

A. Die reduzierende Eigenschaft eines ED wird erhöht durch Koordination mit einem EPD und verringert durch Koordination mit einem EPA.

B. Die oxidierende Eigenschaft eines EA wird verringert durch Koordination mit einem EPD und erhöht durch Koordination mit einem EPA.

C. Die Elektronenpaardonoreigenschaft wird verstärkt durch abnehmende positive Ladung und geschwächt durch Zunahme der positiven Ladung.

D. Die Elektronenpaaracceptoreigenschaft wird verstärkt durch Zunahme der positiven Ladung und verringert durch Zunahme der negativen Ladung.

Kapitel III

Redoxpotentiale in nichtwäßrigen Lösungen

1. Allgemeines

Wir haben bei der Betrachtung der Verhältnisse in wäßriger Lösung gesehen, daß die EPD- bzw. EPA-Eigenschaften des Lösungsmittels einen entscheidenden Einfluß auf die Lage der Standardredoxpotentiale und damit auf die elektrochemische Spannungsreihe im Lösungsmittel Wasser haben.

Über die Redoxpotentiale in nichtwäßrigen Lösungen liegen fast überhaupt keine Daten vor. Es ist nämlich einerseits schwierig, einwandfrei reversibel funktionierende Halbelemente in nichtwäßrigen Systemen aufzubauen, und andererseits unmöglich, die gegen die Referenzelektrode auftretenden Diffusionspotentiale zu eliminieren bzw. zu erfassen.

Aus diesem Grunde basieren unsere Kenntnisse über einfache Redoxvorgänge in nichtwäßrigen Systemen in erster Linie auf den Ergebnissen polarographischer Untersuchungen[1].

2. Die Polarographie in nichtwäßrigen Lösungen

Die Polarographie in protonenfreien Lösungsmitteln bietet gegenüber der Polarographie in wäßrigen Lösungen eine Reihe von Vorteilen, und zwar hinsichtlich

der Löslichkeit vor allem von organischen Verbindungen und von Komplexen in organischen Lösungsmitteln,

der Polarographierbarkeit hydrolysierbarer Stoffe,

der Verfügbarkeit eines weiteren Potentialbereiches als in Wasser,

des Ausbleibens katalytischer Wasserstoffwellen und des nur seltenen Auftretens polarographischer Maxima.

Von den Anforderungen, welche an die Eigenschaften des *Lösungsmittels* gestellt werden[2], müssen *a* bis *d* erfüllt sein, und außerdem sind *e* bis *g* erwünscht:

a) Das Solvens muß ein gutes Lösevermögen besitzen.

b) Die als Leitsalz verwendete Verbindung muß der Lösung eine ausreichende Leitfähigkeit verleihen. Die Ionenstärke muß ausreichen, um Migrationsströme auszuschließen. Hiezu ist es erforderlich, daß die Dielektrizitätskonstante des Lösungsmittels nicht zu klein ist. Die Lösungen von Tetrabutylammoniumper-

[1] GUTMANN, V.: Allg. Prakt. Chem. **21**, 116 (1970).
[2] GRITZNER, G., V. GUTMANN und G. SCHÖBER: Mh. Chem. **96**, 1056 (1965).

chlorat in Dioxan ($\varepsilon = 2{,}2$) oder Tributylphosphat ($\varepsilon = 6{,}8$; hohe Viskosität) leiten den elektrischen Strom praktisch nicht; die Polarographie in solchen Lösungen ist nicht möglich.

c) Über einen möglichst großen Potentialbereich darf das Lösungsmittel keine eigenen Wellen aufweisen.

d) Das Lösungsmittel darf weder mit dem Leitsalz noch mit dem Quecksilber reagieren.

e) Reinigung und Absolutierung des Lösungsmittels sollen möglichst leicht durchführbar sein.

f) Die Grundlösung soll mindestens mehrere Stunden haltbar sein und (nach Möglichkeit) auch gegenüber Sauerstoff und Wasser beständig sein.

g) Das Lösungsmittel soll bei Arbeitstemperatur geringen Dampfdruck und nicht zu hohe Viskosität besitzen und (nach Möglichkeit) nicht giftig sein.

An das *Leitsalz* werden folgende Anforderungen gestellt:

a) Es muß im Solvens gut löslich und elektrolytisch dissoziiert sein (siehe Bedingung *b* für das Lösungsmittel).

b) Es darf im zu untersuchenden Potentialbereich keine eigenen Wellen geben; die Reduktionswelle des Leitsalzes soll bei möglichst negativem Potential liegen.

c) Das Leitsalz bzw. seine Ionen dürfen mit dem Depolarisator keine Reaktionen eingehen.

Als Leitsalz bewähren sich vor allem die Perchlorate oder Tetraphenylborate von Lithium, Natrium, Tetraäthylammonium und Tetrabutylammonium.

Die Wahl des *Potentialbezugspunktes*, d. h. der unpolarisierbaren Bezugselektrode, ist bei der Polarographie von großer Bedeutung. Bodenquecksilber ist für analytische Untersuchungen vielfach ausreichend, doch bei der Lösung anderer Fragestellungen wegen der nicht exakt festlegbaren Eigen-EMK des Quecksilbers nicht brauchbar. Die Gegenelektrode von definiertem Potential muß reversibel und unempfindlich sein gegenüber der Gleichgewichtsverschiebung durch die Reaktion, die der polarographische Elektrolysestrom hervorruft.

Wegen der guten Reproduzierbarkeit und der Konstanz des Potentials, das auch durch Einwirkung polarographischer Elektrolyseströme nicht beeinflußt wird, wird vor allem die wäßrige, gesättigte Kalomelelektrode (GKE)[3] verwendet. Ihr Nachteil besteht darin, daß zur Trennung der wäßrigen und der nichtwäßrigen Phase Diaphragmen verwendet werden, welche einerseits den Widerstand des Elektrolysensystems erhöhen und andererseits Diffusionspotentiale an der Grenzfläche bedingen, welche der direkten Messung unzugänglich sind. Der relativ hohe Widerstand wird durch $i \cdot R$-Korrekturen berücksichtigt. Das unbekannte Diffusionspotential zwischen wäßriger und nichtwäßriger Phase geht aber in die Potentialmessung mit ein; es muß sich rasch auf einen konstanten Wert einstellen. Die Methode des Bezugsions[4] ermöglicht die Eliminierung der Diffusionspotentiale beim Vergleich verschiedener Depolarisatoren in einem gegebenen System.

Wenn von interionischen Wechselwirkungen abgesehen wird und Komplexbildung zwischen Depolarisator und Leitsalz auszuschließen ist, wird der Unterschied der Halbwellenpotentiale eines bestimmten Ions in verschiedenen Lösungs-

---

[3] Gutmann, V., und G. Schöber: Mh. Chem. **90**, 897 (1959).
[4] Plesskow, W. A.: Chem. Zbl. **1947**, II, 1645 (Uspechi Chim. **16**, 254, [1947]).

mitteln sowohl durch das Diffusionspotential als auch durch die verschiedene Komplexierung des Depolarisators durch das Lösungsmittel (Solvatation) bedingt.

PLESSKOW[4] hat vorgeschlagen, ein sogenanntes „Bezugsion" zu wählen, dessen Halbwellenpotential von der Natur des Lösungsmittels weitgehend unabhängig ist; d. h. sein Halbwellenpotential bei Ionenstärke Null soll gleich dem Standardredoxpotential sein, wenn der Elektrodenprozeß reversibel ist und die Diffusionskoeffizienten der oxidierten und reduzierten Form gleich groß sind. Als solches wurden das Rubidium- und das Cäsiumion, später das Kaliumion[5] vorgeschlagen, doch erfüllen diese Ionen die an ein Bezugsion zu stellenden Bedingungen nur sehr mangelhaft.

Ein *ideales Bezugsion* soll folgende Bedingungen erfüllen:

a) Keine Neigung zu chemischer Solvatation (Koordination); es soll also unabhängig von der Donizität des Lösungsmittels in jedem Solvens praktisch unsolvatisiert vorliegen.

b) Keine oder nur sehr geringe Neigung zu physikalischer Wechselwirkung mit dem Lösungsmittel.

c) Gut ausgeprägte, reversible Strom-Spannungskurven in einem gut ausmeßbaren Potentialbereich.

Die Bedingungen *a* und *b* werden am ehesten erfüllt bei geringer Oberflächenladung des Ions, also großem „Ionenradius", und geringer Ladung sowie bei möglichst symmetrischem Bau. Daher kommen als Bezugsionen vor allem Komplexionen in Betracht, und zwar um so eher, je besser das Koordinationszentrum von chemisch möglichst inaktiven Liganden abgeschirmt ist[3]. Die diesen Bedingungen entsprechenden Tetraalkylammoniumionen zeigen jedoch Halbwellenpotentiale bei sehr negativen Potentialwerten, die ihre Erfassung meist nicht gewährleisten.

Daher ist man zu metallorganischen Verbindungen übergegangen, welche bei positiveren Potentialen reduziert werden. Ferrocinium- und Cobaltociniumionen[6] enthalten Koordinationszentren, welche das potentialbestimmende Redoxsystem bilden, und welche symmetrisch durch die organischen Gruppen von den Lösungsmittelmolekülen abgeschirmt werden, so daß auch in Lösungsmitteln hoher Donizität sehr kleine Solvatationsenthalpien auftreten. Diese beiden Bezugsionen wurden in Wasser, Methanol, Acetonitril und Formamid verwendet. In einem günstigeren Potentialbereich liegt die reversible Welle des Bisbiphenylchrom(I)-jodids, nämlich je nach Höhe der Diffusionspotentiale zwischen $-0{,}63$ und $-0{,}78$ V (gegen GKE), weitgehend unabhängig von der Natur des Lösungsmittels und des Leitsalzanions[7-11].

Bezieht man sämtliche Potentialwerte in einem Lösungsmittel auf das Halbwellenpotential eines geeigneten Bezugsions, z. B. des Bisbiphenylchrom(I)-ions, so wird in guter Annäherung das Diffusionspotential eliminiert.

[5] VLČEK, A. A.: Chem. Listy **48**, 1863 (1954).

[6] KOEPP, H. M., W. WENDT und H. STREHLOW: Z. El. Chem. Ber. Bunsen Ges. Phys. Chem. **64**, 483 (1960).

[7] RUSINA, A., und H. P. SCHROER: Coll. Czech. Chem. Comm. **31**, 2600 (1966).

[8] SCHROER, H. P., und A. A. VLČEK: Z. anorg. allg. Chem. **334**, 205 (1964).

[9] VLČEK, A. A.: Z. anorg. allg. Chem. **304**, 109 (1960).

[10] GRITZNER, G., V. GUTMANN und R. SCHMID: Electrochim. Acta **13**, 919 (1968).

[11] GUTMANN, V., und G. PEYCHAL-HEILING: Mh. Chem. **100**, 1423 (1969).

3. Halbwellenpotentiale in Abhängigkeit vom Lösungsmittel

Die Beziehung zwischen der freien Standardreaktionsenthalpie ΔG^0 für die Reaktion

$$M_s \rightleftharpoons M_{solv}^{z+} + z\,e^-$$

und dem Standardelektrodenpotential E^0 für das System M_s/M_{solv}^{z+} ist durch die Gleichung

$$\Delta G^0 = -z \cdot F \cdot E^0$$

gegeben.

Zur Bestimmung des Standardelektrodenpotentials E^0 eines Metallions in Lösung kann ein Born-Haber-Kreisprozeß herangezogen werden (Abb. 8): Die Bildung des solvatisierten Ions aus dem Metall im Bezugszustand ergibt sich aus folgenden Schritten[12, 13]:

a) Sublimation des Metalls,

b) Ionisation des gasförmigen Metallatoms,

c) Solvatation des gasförmigen Metallions.

Da für ein bestimmtes Metallion sowohl die bei den ersten beiden Schritten erfolgenden Änderungen der freien Enthalpie als auch die Amalgamisierungsenthalpie gegeben sind, beruhen die Unterschiede der Standardelektrodenpoten-

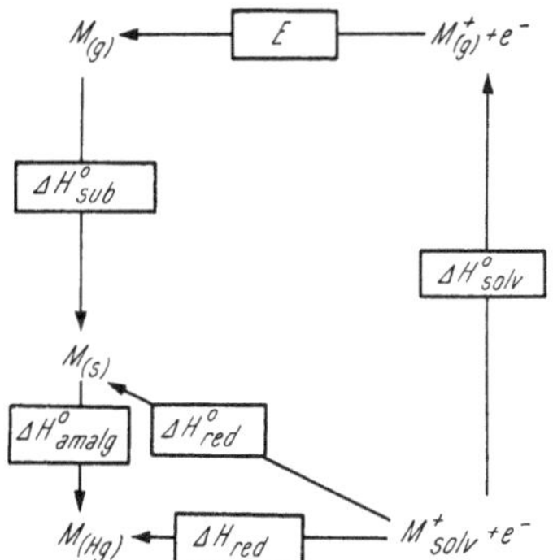

Abb. 8. Born-Haber-Kreisprozeß für die polarographische Reduktion von solvatisierten Metallionen

tiale eines Ions in verschiedenen Lösungsmitteln[4, 12, 13] auf den unterschiedlichen freien Solvatationsenthalpien ΔG^0 (Abb. 8).

$$\Delta G^0 = \Delta H^0 - T\Delta S^0$$

Wenn in erster Näherung die in den verschiedenen Lösungsmitteln auftretenden Entropieterme ΔS^0 als konstant betrachtet werden, ist für ein gegebenes Ion das Standardelektrodenpotential E^0 in verschiedenen Lösungsmitteln durch die verschiedenen Solvatationsenthalpien ΔH^0 bestimmt[12, 13]. Für ein polarographisch reversibel abscheidbares Ion ist das Halbwellenpotential $E_{1/2}$ eine Funktion von E^0, sofern folgenden Bedingungen Rechnung getragen wird:

[12] GUTMANN, V., und R. SCHMID: Mh. Chem. **100**, 2113 (1969).
[13] GUTMANN, V., G. PEYCHAL-HEILING und M. MICHLMAYR: Inorg. Nucl. Chem. Letters **3**, 501 (1967).

a) Es darf keine Komplexbildung mit dem Depolarisator erfolgen (Komplexbildung mit dem Anion des Leitsalzes kann durch Verwendung von Perchloraten oder Tetraphenylboraten in den meisten Fällen praktisch vermieden werden).

b) Der Depolarisator darf nicht in Form von Ionenassoziaten vorliegen (in Lösungsmitteln genügend hoher Dielektrizitätskonstante und bei geringen Depolarisatorkonzentrationen wird dieser Bedingung weitgehend entsprochen).

c) Die mittleren Aktivitätskoeffizienten der Ionen in Lösung sind zu berücksichtigen (sie können in den verdünnten Depolarisatorlösungen in Lösungsmitteln mit $\varepsilon > 20$ annähernd gleich Eins gesetzt werden).

d) Die Diffusionspotentiale zwischen nichtwäßriger und wäßriger Phase müssen durch Heranziehung eines geeigneten Bezugsions eliminiert werden.

Unter Einhaltung der genannten Bedingungen wird das Halbwellenpotential wesentlich durch die freie Solvatationsenthalpie des Metallions, also seine Komplexierung durch Lösungsmittelmoleküle, bestimmt. Da keine Werte für die Ionensolvatationsenthalpien in nichtwäßrigen Lösungen vorliegen, wird die Donizität des Lösungsmittels als angenähertes Maß für das Solvatisierungsvermögen herangezogen (siehe Seite 46); es erfolgt mit steigender Donizität desselben die Bildung eines zunehmend stabilen Solvatkomplexes und dadurch eine Verschiebung des Halbwellenpotentials zu negativeren Potentialwerten. Die Differenz der Halbwellenpotentiale für ein Metallion in zwei verschiedenen Lösungsmitteln ist bedingt durch die Energiedifferenz, welche zum Abbau oder zur Umstrukturierung der Solvathülle bei der Reduktion erforderlich ist.

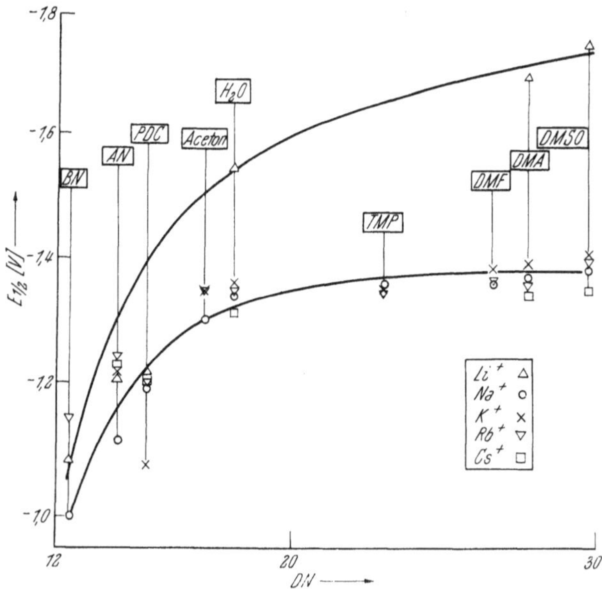

Abb. 9. Polarographische Halbwellenpotentiale für die Alkalimetallionen als Funktion der Donizität DN des Lösungsmittels (Abkürzungen siehe Seite 7).

Die folgenden Abbildungen zeigen die Verhältnisse bei einer Anzahl von Ionen, welche in den untersuchten Lösungsmitteln zu den Metallen reduziert werden. Das Halbwellenpotential für ein Ion liegt um so negativer, je höher die Donizität des

Lösungsmittels ist. Für jedes Ion ergibt sich eine bestimmte Kurve im $E_{1/2}$-DN-Diagramm.

Die Halbwellenpotentiale von Na^+, K^+, Rb^+ und Cs^+ (Abb. 9) werden in schwach donierenden Lösungsmitteln mit zunehmender Donizität zu negativeren Potentialwerten verschoben, bleiben aber bei Donizitäten etwa oberhalb 18 nahezu konstant; die Halbwellenpotentiale in Wasser, Dimethylformamid, Dimethylacetamid und Dimethylsulfoxid sind für jedes der genannten Ionen sehr ähnlich. Es werden also bei diesen harten Metallionen die EPD-Eigenschaften sehr stark donierender Lösungsmittel, die für die Errichtung koordinativer Bindungen zur Verfügung stehen, nur teilweise ausgenützt: Der teilweise elektrostatische Charakter der Solvatbindungen bedingt zugleich einen hohen Ordnungsgrad in der Umgebung des Ions, da außerhalb der unmittelbaren Koordinationssphäre weitere Solvatsphären leicht aufgebaut werden. Der Zusammenbruch aller Solvatsphären bei der Reduktion des Metallions an der Quecksilbertropfelektrode zum Amalgam führt gewöhnlich zu bedeutender Verminderung der Ordnungsstruktur der Lösung und damit zu $+\Delta S$-Termen.

Das Lithiumion wird in jedem Lösungsmittel bei negativerem Potential reduziert als die übrigen Alkalimetallionen (Abb. 9). Die Abhängigkeit seines Halbwellenpotentials von der Donizität des Lösungsmittels ist auch in stark donierenden Lösungsmitteln deutlicher ausgeprägt als bei den übrigen Alkalimetallionen.

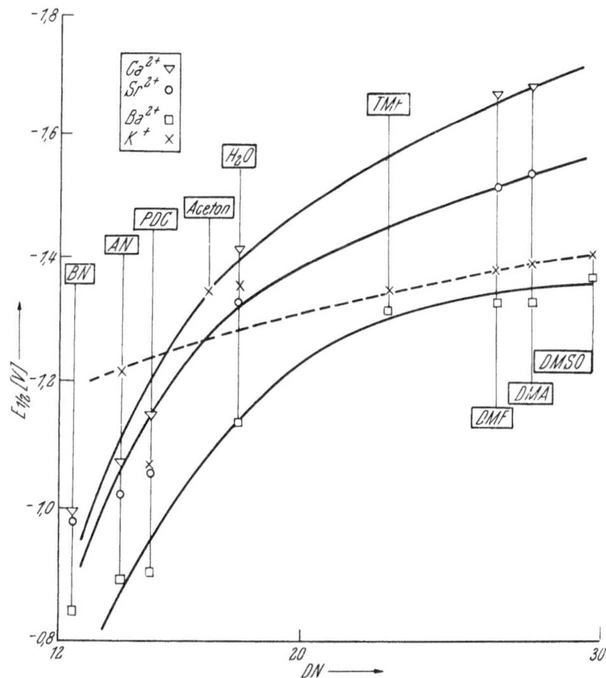

Abb. 10. Polarographische Halbwellenpotentiale für Erdalkalimetallionen und das Kaliumion als Funktion der Donizität DN des Lösungsmittels

Analog sind die Kurven im $E_{1/2}$-DN-Diagramm für die Ionen der Erdalkalimetalle, wie Ca^{2+}, Sr^{2+} und Ba^{2+}, deren Halbwellenpotentiale in der angegebenen Reihenfolge bei zunehmend positiveren Werten liegen (Abb. 10). Das Strontiumion wird in Lösungsmitteln mit geringerer Donizität als Wasser bei positiverem Potential reduziert als die Ionen des Kaliums oder Rubidiums. In stärkeren EPD-Lösungsmitteln wird das Strontium aber bei negativeren Potentialen reduziert als die genannten Alkalimetallionen. — Daraus folgt, daß Alkalimetallionen (mit Ausnahme des Lithiums) in Dimethylformamid, Dimethylacetamid oder Dimethylsulfoxid durch Strontium reduziert werden:

$$\mathrm{Sr} + 2\,\mathrm{K}^+ \rightleftharpoons \mathrm{Sr}^{2+} + 2\,\mathrm{K}$$

Zwischen Sr^{2+} und Ba^{2+} liegen mit analogem Kurvenverlauf im $E_{1/2}$-DN-Diagramm die zweifach positiv geladenen Ionen von Ytterbium, Europium und Samarium.

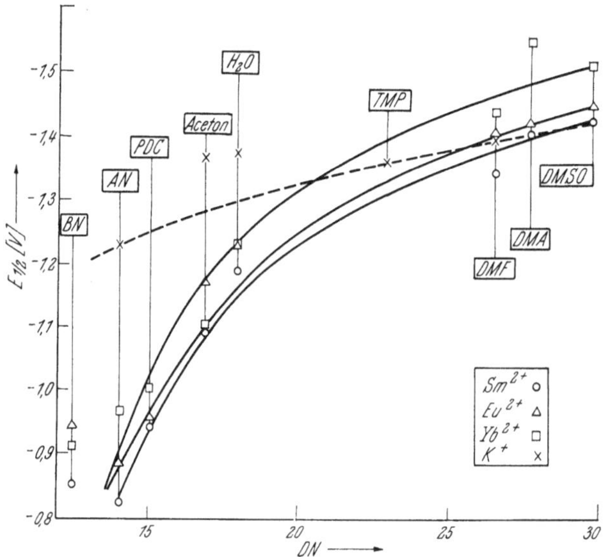

Abb. 11. Polarographische Halbwellenpotentiale für zweiwertige Ionen der Lanthanoide und das Kaliumion als Funktion der Donizität DN des Lösungsmittels

Ihre Kurven schneiden die der Alkalimetallionen im Donizitätsbereich zwischen 20 und 27 (Abb. 11).

Bei Zink(II) und Cadmium(II) ist die Beziehung zwischen $E_{1/2}$ und der Donizität nahezu linear (Abb. 12).

Die Kurven von Nickel(II), Kobalt(II) und Thallium(I) zeigen schwache Krümmungen, welche denjenigen entgegengesetzt sind, wie sie bei den Alkali- und Erdalkalimetallionen angetroffen werden (Abb. 12 und 13). Die Solvatbindungen werden mit zunehmender Donizität des Lösungsmittels stärker, die koordinierten Solvensmoleküle werden polarisiert und der Aufbau von geordneten äußeren Solvatsphären wird weniger begünstigt als bei stärker elektrostatisch beeinflußter Solvatation.

Auf Grund der Kurven ist es möglich, das Halbwellenpotential eines Metallions in einem Lösungsmittel bekannter Donizität durch Interpolation der Kurven abzuschätzen. So werden sich die Halbwellenpotentiale in Tetramethylensulfon (DN = 14,8), Propandiolcarbonat (DN = 15,1), Benzylcyanid (DN = 15,1) oder Äthylensulfit (DN = 15,3) nur wenig voneinander unterscheiden. Auch werden diejenigen in Nitrobenzol (DN = 4,4) und Nitromethan (DN = 2,7) ähnlich sein.

Bei einigen Ionen liegen die Meßpunkte für die Lösungsmittel Trimethylphosphat und Wasser außerhalb der Kurven (Abb. 12 und 13). Mit Trimethylphosphat bilden Übergangsmetallionen, z. B. Mn^{2+}, Co^{2+}, Ti^{3+}, Chelate von hoher

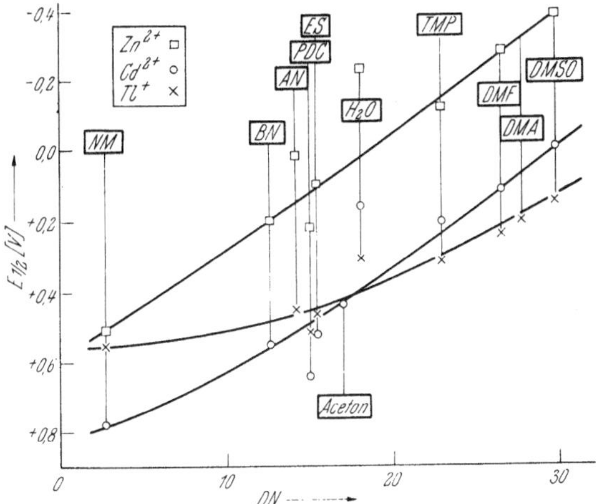

Abb. 12. Polarographische Halbwellenpotentiale von Zn^{2+}, Cd^{2+} und Tl^+ als Funktion der Donizität DN des Lösungsmittels

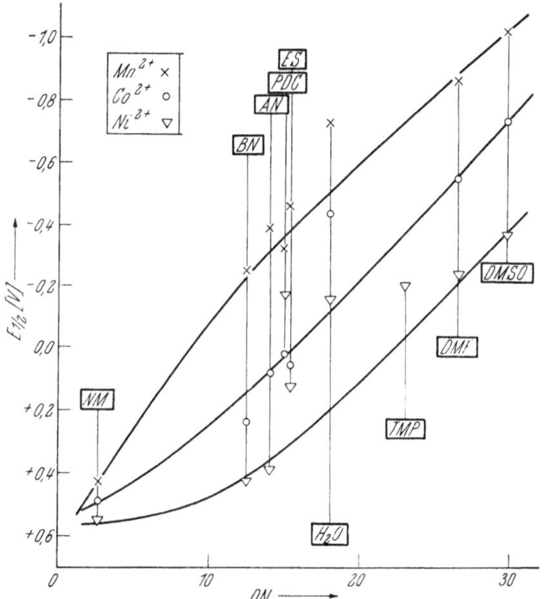

Abb. 13. Polarographische Halbwellenpotentiale von Mn^{2+}, Co^{2+} und Ni^{2+} als Funktion der Donizität DN des Lösungsmittels

Stabilität, nämlich Dimethoxiphosphatokomplexe[14, 15] (siehe Seite 87), so daß deren Halbwellenpotentiale erheblich negativer liegen, als auf Grund der Donizität des Trimethylphosphats zu erwarten wäre.

[14] GUTMANN, V., und K. FENKART: Mh. Chem. **99**, 1452 (1968).
[15] GUTMANN, V., und G. BEER: Inorg. Chim. Acta **3**, 87 (1969).

Wasser hydratisiert zahlreiche Ionen stärker, als auf Grund seiner Donizität zu erwarten wäre. Daher liegen die Halbwellenpotentiale bei relativ stark negativen Werten.

Im stark koordinierenden Hexamethylphosphoroxitriamid sind hingegen Abweichungen zu positiveren Potentialen zu erwarten, als sich durch Extrapolation der Kurven ergeben würde, da aus sterischen Gründen verschiedene Ionensolvate weniger stabil sind, als auf Grund der Donizität von Hexamethylphosphorsäuretriamid zu erwarten wäre[16] (siehe Seite 86).

Die Halbwellenpotentiale einiger Metallionen liegen in Acetonitril (DN = 14,1) etwas negativer als in Propandiolcarbonat (DN = 15,1), obwohl auf Grund der Donizitäten das umgekehrte Verhalten zu erwarten wäre. Dies beruht darauf, daß die Solvatation des Acetonitrils gegenüber diesen Metallionen relativ stärker ist als gegenüber Antimon(V)-chlorid. Dies ergibt sich auch aus koordinationschemischen Befunden[17].

Bei der Reduktion von Metallionen zu den Metallen wird die Solvathülle vollständig entfernt, so daß die Abhängigkeit des Reduktionspotentials von der Solvatisierungsenthalpie verständlich ist. Die Beziehung zwischen dem polarographischen Halbwellenpotential und der Solvatisierungsenthalpie wird aber auch bei Redoxvorgängen beobachtet, bei welchen reduzierte und oxidierte Form als solvatisierte Ionen vorliegen. Die Reduktion von Europium(III) zu Europium(II), von Ytterbium(III) zu Ytterbium(II) sowie von Samarium(III) zu Samarium(II) in Lösungsmitteln verschiedener Donizität erfolgt bei Halbwellenpotentialen, welche in linearem Zusammenhang zur Donizität des Lösungsmittels stehen (Abb. 14)[11].

Der Unterschied der freien Standardenthalpien zweier Solvate eines Metallions setzt sich aus einem elektrostatischen und einem nichtelektrostatischen Anteil zusammen[18]:

$$\Delta G^0 = \Delta G^0_{elst} + \Delta G^0_{n.elst}$$

Da in den untersuchten Lösungsmitteln mittlerer und hoher Dielektrizitätskonstante ($\varepsilon > 20$) das Halbwellenpotential von dieser nahezu unabhängig ist, ist zu folgern, daß der elektrostatische Anteil nicht dominiert: Ähnlich wird auch zur Bestimmung der Donizität eine Reaktion herangezogen, bei der elektrostatische Beiträge eine untergeordnete Rolle spielen. Daraus kann gefolgert werden, daß die Änderung der freien Standardenthalpie der Solvatbildung von Europium(III) vor allem vom nichtelektrostatischen Anteil $\Delta G^0_{n.elst}$ abhängt.

Bei Verwendung von Leitsalzen mit komplexierenden Anionen erhält man je nach ihrer EPD-Stärke unterschiedliche Halbwellenpotentiale. Die Größe des Unterschiedes des Halbwellenpotentials eines Ions mit komplexierenden Leitsalzanionen gegenüber demjenigen mit Perchlorat als Leitsalzion in demselben Lösungsmittel hängt ebenfalls von der Donizität des Lösungsmittels ab, da die Komplexbildungstendenz eines Anions mit derjenigen der Lösungsmittelmoleküle in Konkurrenz tritt (siehe Kapitel VIII und IX, Seite 81 ff.). In schwachen EPD-Lösungsmitteln zeigen Jodidionen keinen nennenswerten Einfluß, da diese nur schwach

---

[16] GUTMANN, V., W. KERBER und A. WEISZ: Mh. Chem. **100**, 2096 (1969).
[17] GUTMANN, V.: Rec. Chem. Progr. **30**, 169 (1969).
[18] KOLTHOFF, I. M.: J. Polarogr. Soc. **10**, 22 (1964).

komplexierende Liganden sind (Abb. 15). Chloridionen verschieben die Halbwellenpotentiale sehr stark in Acetonitril und 1,2-Propandiolcarbonat, weniger
stark in den stärker als EPD fungierenden Lösungsmitteln Dimethylformamid

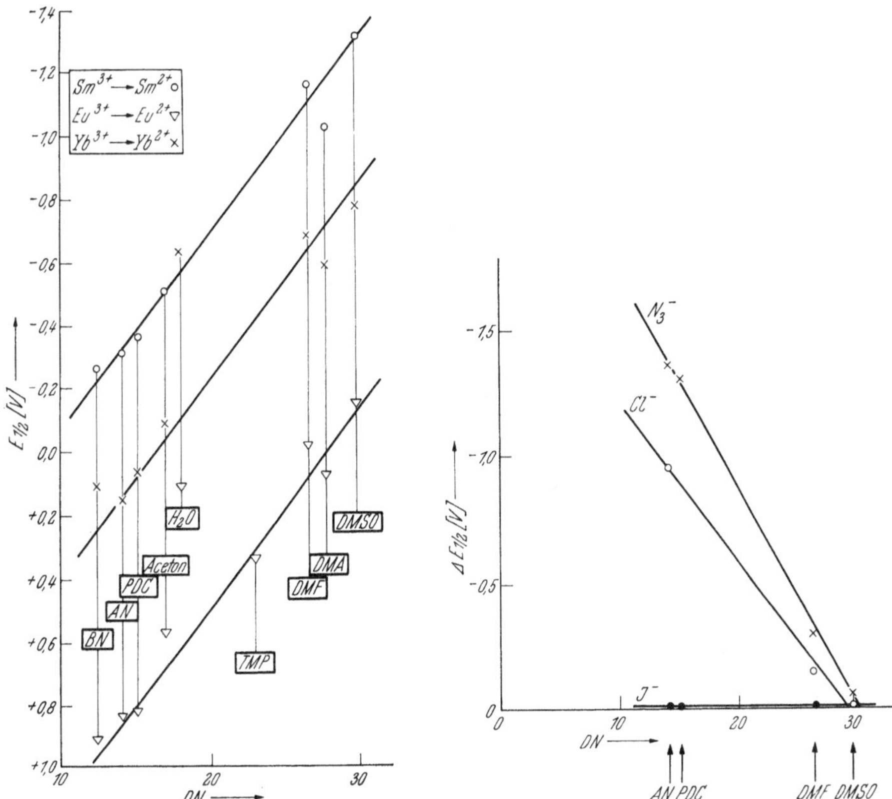

Abb. 14. Polarographische Halbwellenpotentiale für die Reduktion $M^{3+} \rightarrow$
$M^{2+} + e^-$ für M = Sm, Eu und Yb als
Funktion der Donizität DN des Lösungsmittels

Abb. 15. Polarographisches Halbwellenpotential für die Reaktion $Eu^{3+} \rightarrow$
$Eu^{2+} + e^-$ als Funktion der Donizität des
Lösungsmittels und des Leitsalzanions

und Dimethylacetamid und fast überhaupt nicht in Dimethylsulfoxid, dessen
Donizität im Bereich derjenigen des Chloridions liegt (Abb. 15)[19]. Je kleiner die
Donizität der Lösungsmittelmoleküle, um so stabiler ist der Chlorokomplex in
seinen Lösungen und um so größer ist der Einfluß auf die Lage des Halbwellenpotentials. Azidionen sind stärkere Liganden als Chloridionen und verschieben
demnach das Halbwellenpotential der Europium(III)-Europium(II)-Welle auch
in Dimethylsulfoxid zu negativeren Potentialwerten.

Daraus erhält man eine Bestätigung der auf spektrophotometrischem Wege
festgestellten Tendenz der Anionen, als EPD zu fungieren[19]:

$$J^- < AN < PDC < TMP < DMF < Cl^- < DMSO < N_3^- \text{ (siehe Seite 61)}$$

[19] Gutmann, V., und U. Mayer: Mh. Chem. **99**, 1383 (1968).

Da auch Wasser, dessen Donizität bei etwa 18 liegt, als Konkurrenzligand fungiert, ergibt sich, daß die Halbwellenpotentiale in stark als EPD fungierenden Lösungsmitteln, wie Dimethylformamid, Dimethylacetamid oder Dimethylsulfoxid, durch die Anwesenheit geringer Wassermengen kaum oder überhaupt nicht beeinflußt werden. Dagegen wird das Halbwellenpotential eines Metallions in einem schwach als EPD fungierenden Lösungsmittel durch die Gegenwart von Wasserspuren zu negativeren Potentialwerten verschoben. Die Empfindlichkeit ist um so größer, je kleiner die Donizität des Lösungsmittels ist.

In einer grundlegenden Arbeit über die Polarographie in Acetonitril haben KOLTHOFF und COETZEE[20] dargelegt, daß Chlorid-, Bromid- und Jodidionen jeweils zwei anodische Wellen an der rotierenden Platinelektrode zeigen. In jedem der drei Fälle ist die bei negativerem Potential auftretende Welle doppelt so hoch wie die zweite Welle. POPOV und SKELLY[21] haben gezeigt, daß in Acetonitril ein Polyhalogenid, z. B. $[R_4N][Br_3]$, ein stärkerer Elektrolyt ist als das einfache Halogenid, z. B. $[R_4N]Br$.

Die bei negativerem Potential angetroffene Welle wird der Bildung des Polyhalogenidions und die bei positiverem Potential auftretende der Reduktion des letzteren zu freiem Halogen zugeschrieben. Durch Zusatz von freiem Halogen verschwindet die zuerst genannte Welle, während die Wellenhöhe der Reduktionswelle des Polyhalogenidions entsprechend größer wird.

Diese Ergebnisse sind ein weiterer Beweis für die zweite Stabilisierungsregel (Seite 18), der zufolge das Redoxpotential eines Anions durch Koordination mit einem EPA zu positiveren Potentialwerten verschoben wird.

$$6\ Cl^- \rightarrow 2\ [Cl_3]^-; \qquad E_{1/2} = +1,1\ V*$$
$$2\ [Cl_3]^- \rightarrow 3\ Cl_2; \qquad E_{1/2} = +1,7\ V$$
$$6\ Br^- \rightarrow 2\ [Br_3]^-; \qquad E_{1/2} = +0,7\ V$$
$$2\ [Br_3]^- \rightarrow 3\ Br_2; \qquad E_{1/2} = +1,0\ V$$
$$6\ J^- \rightarrow 2\ [J_3]^-; \qquad E_{1/2} = +0,3\ V$$
$$2\ [J_3]^- \rightarrow 3\ J_2; \qquad E_{1/2} = +0,6\ V$$

---

* Die Halbwellenpotentiale wurden in Acetonitril mit 0,1 M $[Et_4N][ClO_4]$ als Grundelektrolyt, mit LiCl bzw. Et_4NBr bzw. NaJ als Depolarisator an einer rotierenden Platinelektrode gemessen und sind auf die gesättigte wäßrige Kalomelelektrode bezogen. Über die Reversibilität liegen keine Angaben vor.

[20] KOLTHOFF, I. M., und J. F. COETZEE: J. Am. Chem. Soc. **79**, 1852 (1957).
[21] POPOV, A. I., und N. E. SKELLY: J. Am. Chem. Soc. **76**, 5309 (1954).

Kapitel IV

Stabilisierung von Oxidationszahlen

1. Stabilisierung von Einheiten mit hohen Oxidationszahlen durch Koordination

Nach der ersten Korrespondenzregel (Seite 11) nimmt die Lewis-Acidität mit steigender positiver Ladung zu. Dementsprechend nimmt die Stabilität eines Komplexes mit Koordinationszentrum von gegebener Oxidationszahl mit steigender Donizität der Liganden zu.

Da andererseits bekannt ist, daß die Stabilität eines Kations mit zunehmender positiver Ladung stark abnimmt, kommt diesem Effekt besondere Bedeutung zu.

Im Bilde der Elektronenpopulation erfolgt die Stabilisierung dadurch, daß durch das Anteiligwerden der Elektronenpaare der EPD-Liganden die Elektronenpopulation am Kation entsprechend erhöht wird, was einer Abnahme der positiven Ladung im Bereich des Koordinationszentrums entspricht.

Fluor ist ein besonders starkes Oxidationsmittel. In Verbindung mit anderen Elementen werden meist deren höchste Oxidationsstufen bevorzugt: BiF_5 ist die einzige binäre Verbindung von Wismut in der Oxidationszahl $+V$, die rein erhalten werden kann.

Durch Komplexierung mit Fluoridionen können häufig Metalle in hohen Oxidationszahlen stabilisiert werden, wie folgende Beispiele zeigen: Während Kobalt(IV)-fluorid unbekannt ist, wird Cs_2CoF_6 aus Cs_2CoCl_4 und elementarem Fluor bei 300° C erhalten[1]. Nickel(II)-fluorid ist das einzige bekannte binäre Fluorid des Nickels, aber in Fluorokomplexen tritt Nickel sowohl in der Oxidationszahl $+III$, nämlich in der Verbindung K_3NiF_6[2], als auch in der Oxidationszahl $+IV$, nämlich in der Komplexverbindung K_2NiF_6, auf[3, 4]. Kupfer ist in der Oxidationsstufe $+III$ in K_3CuF_6 stabilisiert[4]. Silber bildet neben AgF_2 nur Monohalogenide, aber im Fluorokomplex ist es in der Oxidationsstufe $+III$, nämlich in $KAgF_4$, stabilisiert[5].

Weitere Beispiele[6, 7] sind die Fluorokomplexe der Zusammensetzung Cs_3MF_7 für $M = Pr^{4+}$, Nd^{4+}, Tb^{4+} und Dy^{4+}.

---

[1] HOPPE, R.: Rec. Trav. Chim. **75**, 569 (1956).

[2] BODE, H., und E. VOSS: Z. anorg. allg. Chem. **290**, 1 (1957).

[3] KLEMM, W., und E. HUSS: Z. anorg. allg. Chem. **258**, 221 (1949).

[4] BODE, H., und E. VOSS: Z. anorg. allg. Chem. **286**, 136 (1956).

[5] HOPPE, R.: Z. anorg. allg. Chem. **292**, 28 (1957).

[6] ASPREY, L. B., und B. B. CUNNINGHAM: Progr. Inorg. Chem. **2**, 267 (1960).

[7] JØRGENSEN, C. K.: „Inorganic Complexes", Academic Press, London-New York, 1963, S. 37.

Auch Hydroxokomplexe sind von Metallen in Oxidationszahlen bekannt, welche in binären Verbindungen nicht angetroffen werden, z. B. $Ba_2Ni(OH)_6$ [8].

Ein Beispiel für die Stabilisierung hoher Oxidationszahlen in Oxokomplexen ist Bariumferrat(VI) $BaFeO_4$.

Auch neutrale EPD können hohe Oxidationszahlen stabilisieren, wie z. B. in zahlreichen Amminkomplexen von Kobalt(III).

Die mit zunehmender positiver Ladung stark ansteigende Tendenz zur EPA-Funktion (Lewis-Acidität) erklärt die zunehmende Deprotonierbarkeit von Hydra-

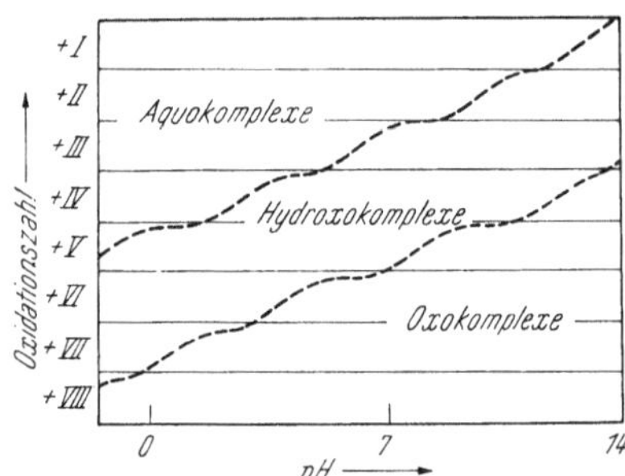

Abb. 16. Stabilitätsbereiche der Aquo-, Hydroxo- und Oxokomplexe in Wasser als Funktion des p_H-Wertes der Lösung und der Oxidationszahl des Koordinationszentrums

ten und Hydroxokomplexen mit steigender Oxidationszahl des Koordinationszentrums (Abb. 16).

Harte Atomionen mit der Oxidationszahl $+I$, z. B. Alkalimetallionen, sind in Wasser hydratisiert, und die Hydrate sind nicht deprotonierbar, aber weiche Atomionen mit derselben Oxidationszahl, z. B. das hydratisierte Ag^+-Ion, sind in Wasser schwache Protonensäuren (Tab. 7, Seite 44).

Die EPA-EPD-Wechselwirkung zwischen Silberion und Wasser

$$Ag^+ \leftarrow OH_2$$
$$EPA \qquad EPD$$

induziert am Sauerstoffatom die Ausbildung der EA-Funktion, welche zur Polarisation der O-H-Bindung und damit zu entsprechender Erleichterung der Deprotonierungsreaktion führt.

$$Ag-O \Big\langle \begin{array}{c} H \\ H \end{array}$$
$$EA \quad ED$$

Dieser Effekt wird um so stärker, je weicher das Zentralion und je höher seine Ladung ist. Bei der Oxidationszahl $+II$ sind eine Reihe von Hydraten im p_H-Bereich oberhalb 6 zum Teil schon deprotoniert und liegen als Hydroxokomplexe vor. In der Oxidationszahl $+III$ ist die Stabilität der nichtdeprotonierten Hydrate auf einen engen Bereich im sauren Gebiet zurückgedrängt, z. B. bei $[Fe(OH_2)_6]^{3+}$ $p_H < 2$. In der Oxidationszahl $+IV$ sind Hydrate meist auch im sauren Bereich nicht mehr beständig, und es liegen über einen weiten p_H-Bereich Hydroxokomplexe

---

[8] SCHOLDER, R., und E. GIESLER: Z. anorg. allg. Chem. **316**, 237 (1962).

und in stark alkalischen Lösungen bereits Oxokomplexe vor. Beispiele hiefür sind die Unbeständigkeit der Kohlensäure und die hohe Tendenz der Orthokieselsäure zur Dehydratisierung. In der Oxidationszahl $+V$ sind Hydroxokomplexe meist nur mehr im sauren Gebiet beständig; die Stabilität von $[P(OH)_4]^+$ wird in Wasser bei $p_H \approx -5$ erwartet[7]; allerdings ist dieser p_H-Wert wegen der „geringen" Acidität des $[H_3O]^+$-Ions $(pK = -1,7)$ nicht erreichbar[7]. Vanadin(V), Niob(V) und Tantal(V) liegen auch in stark saurer Lösung nie als Aquoionen vor, da diese stärker als Protonensäuren fungieren würden als das hydratisierte Proton. In der Oxidationszahl $+VI$ sind bis in den sauren Bereich hinein nur Oxoverbindungen beständig, z. B. liegt das Gleichgewicht

$$\overset{+VI}{[Cr(OH_2)_6]^{6+}} + 3\,H_2O \rightleftharpoons CrO_3 + 6\,[H_3O]^+$$

auf der rechten Seite. Bei noch höheren Oxidationszahlen sind weit im sauren Bereich weder Aquoionen noch Hydroxoionen beständig. $MnO_3(OH)$ und $ReO_3(OH)$ werden nur bei $p_H \approx 0$ beobachtet, und $HClO_4$ ist auch unter diesen Bedingungen vollständig zu $[H_3O]^+$ und $[ClO_4]^-$ ionisiert.

Die mit steigender Oxidationszahl zunehmende Lewis-Acidität bedingt eine zunehmende Lockerung der O—H-Bindungen koordinierter Wassermoleküle oder OH-Gruppen. Nach Ionisation einer O—H-Bindung steht das Elektronenpaar derselben dem verbleibenden Komplex vollkommen zur Verfügung, die Elektronenpopulation am Zentralion wird dadurch etwas erhöht, seine Lewis-Acidität nimmt ab, und die verbleibenden O—H-Bindungen sind weniger leicht deprotonierbar. Damit finden auch die Unterschiede der pK_s-Werte für die einzelnen Deprotonierungsstufen ihre Erklärung, z. B.

$$
\begin{array}{ll}
OP(OH)_3 & pK_s \approx 2 \\
[O_2P(OH)_2]^- & pK_s \approx 7 \\
[O_3P(OH)]^{2-} & pK_s \approx 12
\end{array}
$$

Zu den gleichen Ergebnissen gelangt man auch unter Heranziehung der ersten Stabilisierungsregel, wonach hohe Oxidationszahlen durch Koordination mit starken Lewis-Basen stabilisiert werden. Die EPD-Eigenschaften nehmen in der Reihe

$$H_2O < OH^- < O^{2-}$$

zu. Je stärker die EPA-Eigenschaften des Koordinationszentrums, also je höher seine Ladung, um so stärker ist die Tendenz zur Reaktion mit starken Elektronenpaardonoren, und um so stabiler werden Oxide gegenüber Hydroxiden und diese wieder stabiler als die entsprechenden Hydrate.

An dieser Stelle seien noch unveröffentlichte Ergebnisse von VLČEK[8a] über die polarographische Reduktion von Vanadylverbindungen in wäßriger Lösung genannt. Im Vanadylion $[VO]^{2+}$ ist V^{4+} durch die starke Vanadin-Sauerstoff-Bindung stabilisiert. Die bei $p_H \approx 3$ beobachtete hohe Überspannung des Reduktionsvorganges wird in stärker saurer Lösung beträchtlich verringert. In Salzsäure ist das Vanadylion aber wesentlich leichter reduzierbar als in Perchlorsäure. Diese Erscheinung ist folgendermaßen erklärbar: Beim Angriff des Wasserstoffions fungiert das Sauerstoffatom als EPD:

[8a] VLČEK, A. A.: Private Mitteilung.

$$V-O \rightarrow H^+$$
$$\text{EPD} \quad \text{EPA}$$

Hiedurch wird diesem die EA-Funktion induziert:

$$[V-O-H]^{3+}$$
$$\text{ED} \quad \text{EA}$$

Die weitere Reduktion erfolgt erst nach der Ablösung des Sauerstoffatoms und diese nur unter Stabilisierung der kationischen Zwischenstufe durch einen Elektronenpaardonor, wie das Chloridion, nicht aber durch das schwach koordinierende Perchloration. Dabei fungiert Vanadin(IV) unter Funktionsumkehr als EPA, während die entstehenden Hydroxidionen vom sauren Medium sofort gebunden werden.

$$\text{EPD} \rightarrow V^{4+} + OH^-$$
$$\text{EPA}$$

2. Stabilisierung von Einheiten mit negativen Oxidationszahlen durch Koordination

Die Stabilität von Anionen nimmt bekanntlich mit zunehmender Ladung viel stärker ab als diejenige der Kationen. Dreifach negativ geladene Atomionen, wie das Nitridion N^{3-}, existieren nur in mehr oder weniger stark polarisiertem Zustand z. B. in Li_3N und in den Erdalkalinitriden. Hingegen konnten Na_3N oder K_3N nicht erhalten werden.

Es ist möglich, hochgeladene Anionen durch Komplexbildung zu stabilisieren, so daß eine Ladungsverdünnung am Koordinationszentrum erreicht wird. Dies ist nach der zweiten Korrespondenzregel durch Koordination mit (möglichst starken) Elektronenpaaracceptoren deshalb möglich, weil sich das Ion durch Verteilung seiner Ladung auf die elektronenarmen Liganden stabilisieren kann.

Ein Beispiel hiefür ist die Stabilisierung des Jodidions in wäßriger Lösung durch Zusatz von Jod. Vor allem hochgeladene Anionen sollten durch Komplexierung mit starken Lewis-Säuren stabilisiert werden.

Die Beständigkeit von Carbanionen ist meist gering. Ihre Stabilität kann durch elektronenanziehende Gruppen, z. B. die Carbonyl- oder Nitrogruppe, erhöht werden. Das Cyclopentadienidanion verdankt die hohe Stabilität seinem pseudoaromatischen Charakter. Die Stabilität wird um so mehr erhöht, je stärker die Wechselwirkung zwischen dem Carbanion und einer Lewis-Säure; Hand in Hand geht damit eine Verminderung der Reaktivität des Carbanions.

Ferrocen ist in Nitromethan nicht ionisiert. Fügt man eine Lewis-Säure, z. B. Aluminiumchlorid, hinzu, so erfolgt intramolekulare Racemisierung[9], welche über ionische Zwischenstufen verlaufen dürfte[10]. Hiefür sprechen die kinetischen Befunde und das Ausbleiben der Reaktion sowohl in nicht als EPD fungierenden Lösungsmitteln, wie Methylenchlorid, als auch in solchen hoher Donizität. Erstere gestatten nämlich nicht die Solvatation des bei der Ionisation entstehenden Kations, und letztere reagieren selbst mit der zugesetzten Lewis-Säure.

---

[9] SLOCHUM, D. W., S. P. TUCKER und T. R. ENGELMANN: Tetrahedron Lett. **1970**, 621.
[10] FALK, H., H. LEHNER, J. PAUL und U. WAGNER: J. Organomet. Chem., **28**, 115 (1971).

Lithiumphenyl ist keine reine Ionenverbindung, da eine beträchtliche Deformation des π-Elektronensystems des Phenylations durch das Lithium erfolgt. Durch Reaktion mit dem als EPA fungierenden Bortriphenyl entsteht das Tetraphenylboration[11], in welchem das an die Lewis-Säure herangetretene Phenylation durch Komplexierung stabilisiert wurde:

$$LiPh + BPh_3 \rightleftharpoons Li^+[BPh_4]^-$$

Ebenso reagieren Aluminiumalkyle mit Lithiumalkyl:

$$\underset{\text{EPD}}{Li^+[C_2H_5]^-} + \underset{\text{EPA}}{(C_2H_5)_3Al} \rightleftharpoons Li^+[Al(C_2H_5)_4]^-$$

Der Komplex ist aus Ketten von alternierenden tetraedrischen $[Al(C_2H_5)_4]^-$- und Lithiumionen aufgebaut[12].

Das $[CF_3]^-$-Ion kann durch Koordination mit BF_3 in der Verbindung $[(CH_3)_3Sn]^+[CF_3BF_3]^-$ stabilisiert werden[13].

Die erwartete Stabilisierung des Nitridions durch eine Lewis-Säure wie Bor(III)-fluorid ist vor kurzem experimentell bestätigt worden[14]:

$$Li_3N + 3\,BF_3 \rightleftharpoons Li_3[N(BF_3)_3]$$

Es ist schon darauf hingewiesen worden, daß auch die Stabilisierung von Metallatomen oder Metallionen in niedrigen Oxidationszahlen durch Komplexierung mit starken EPA möglich ist (Seite 14), aber nur, wenn sie nicht zugleich als starke Oxidationsmittel fungieren.

3. Koordinationschemische Betrachtungen aus ungewohnter Sicht

In einer Koordinationsverbindung bildet ein als Elektronenpaaracceptor fungierendes Atom oder Ion das Koordinationszentrum, das von einer durch die Koordinationszahl gekennzeichneten Anzahl von Liganden, welche als Elektronenpaardonoren fungieren[15], umgeben ist.

Chrom(VI) bildet im Chromation das Koordinationszentrum, welches von vier Sauerstoffliganden umgeben ist. Bei der möglichen Bildung dieses Komplexes aus einem als EPA fungierenden Chrom(VI)-oxid-Molekül und einem als EPD fungierenden Oxidion erfolgt die Erhöhung der Koordinationszahl des Chroms um eine Einheit:

$$\underset{\text{EPA}}{\underset{\displaystyle O}{\overset{\displaystyle O}{O-Cr}}} + \underset{\text{EPD}}{O^{2-}} \rightarrow \left[\underset{\displaystyle O}{\overset{\displaystyle O}{O-Cr \leftarrow O}}\right]^{2-}$$

[11] WITTIG, G., G. KEICHER, A. RÜCKERT und P. RAFF: Lieb. Ann. **563**, 110 (1949).

[12] GERTEIS, R. L., R. E. DICKERSON und T. L. BROWN: Inorg. Chem. **3**, 872 (1964).

[13] CHAMBERS, R. D., H. C. CLARK und C. J. WILLIS: J. Am. Chem. Soc. **82**, 5298 (1960) — Proc. Chem. Soc. **1960**, 114.

[14] GEANANGEL, R. A.: J. Inorg. Nucl. Chem. **32**, 3697 (1970).

[15] SCHNEIDER, W.: „Einführung in die Koordinationschemie", Springer-Verlag, Berlin-Göttingen-Heidelberg-New York, 1968.

Die Konzeption eines zentralen Metallatoms mit koordinierten Liganden ist für mononucleare Komplexe unumstritten.

Dieselbe Reaktion kann aber auch als eine der zweiten Stabilisierungsregel entsprechende Stabilisierung des Oxidions durch Koordination mit der Lewis-Säure CrO_3 aufgefaßt werden. Da das $[CrO_4]^{2-}$-Ion zur Entfaltung der EPD-Funktion befähigt ist, kann ein weiteres Molekül des als EPA fungierenden Chrom(VI)-oxids koordiniert werden. Das neue Komplexion, das Dichromation, wird üblicherweise als ein zweikerniger Komplex aufgefaßt, da zwei Chrom(VI)-Einheiten, die über eine Sauerstoffbrücke miteinander verbunden sind, im Komplexion als (gleichwertige) Koordinationszentren gegenüber dem Sauerstoffliganden aufgefaßt werden.

$$\left[\begin{array}{c} O \qquad\qquad O \\ | \qquad\qquad | \\ O-Cr-O-Cr-O \\ | \qquad\qquad | \\ O \qquad\qquad O \end{array}\right]^{2-}$$

zweikerniges Komplexion

Tatsächlich liegt aber der zwischen den beiden Chrom(VI)-Einheiten liegende Sauerstoff im Zentrum des Komplexions. Es ist daher naheliegend, das Oxidion als Koordinationszentrum aufzufassen, welches durch Koordination mit zwei CrO_3-Molekülen stabilisiert wird:

$$\begin{array}{c} O \qquad\qquad O \\ | \qquad\qquad | \\ O-Cr \;+\; O^{2-} \;+\; Cr-O \;\rightarrow\; \\ | \qquad\qquad | \\ O \qquad\qquad O \end{array} \left[\begin{array}{c} O \qquad\qquad O \\ | \qquad\qquad | \\ O-Cr\leftarrow O\rightarrow Cr-O \\ | \qquad\qquad | \\ O \qquad\qquad O \end{array}\right]^{2-}$$

EPA   EPD   EPA   als einkerniges
Komplexion aufgefaßt

In einer solchen Betrachtungsweise ist die Lewis-Base das Koordinationszentrum, und die Moleküle der Lewis-Säure sind die Liganden. Da ein Koordinationszentrum verschiedenartige Liganden koordinieren kann, kann die Bildung zahlreicher neuer Verbindungen erwartet werden. Ersetzt man einen CrO_3-Liganden durch ein Schwefeltrioxidmolekül, so ist das Sulfatochromation (oder Chromatosulfation) zu erwarten:

$$\left[\begin{array}{c} O \qquad\qquad O \\ | \qquad\qquad | \\ O-Cr \,\leftarrow\, O \,\rightarrow\, S-O \\ | \qquad\qquad | \\ O \qquad\qquad O \end{array}\right]^{2-}$$

EPA EPD EPA

Vielleicht liegen solche Einheiten in der Chromschwefelsäure vor. Ein solches Komplexion kann ebenso aus dem Sulfation und Chrom(VI)-oxid abgeleitet werden. Das Disulfation kann in vorliegender Sicht als ein durch Koordination mit zwei Schwefeltrioxidmolekülen stabilisiertes Oxidion beschrieben werden:

$$\left[\begin{array}{cc} O & O \\ | & | \\ O-S \leftarrow O \rightarrow S-O \\ | & | \\ O & O \end{array}\right]^{2-}$$

EPA EPD EPA

Ebenso kann das Trithionation als ein mit SO_3-Molekülen stabilisiertes Sulfidion und das Trisulfation als ein durch 2 SO_3-Moleküle stabilisiertes Sulfation aufgefaßt werden:

$$\left[\begin{array}{cc} O & O \\ | & | \\ O-S \leftarrow S \rightarrow S-O \\ | & | \\ O & O \end{array}\right]^{2-} \qquad \left[\begin{array}{ccc} O & O & O \\ | & | & | \\ O-S \leftarrow O-S-O \rightarrow S-O \\ | & | & | \\ O & O & O \end{array}\right]^{2-}$$

EPA EPD EPA

Fügt man Aluminiumchlorid oder Bor(III)-fluorid zu Kaliumchromat, z. B. in Diglyme oder ohne Lösungsmittel, so entsteht das orangegelb gefärbte

$$K_2\left[\begin{array}{cc} O & Cl \\ | & | \\ O-Cr-O \rightarrow Al-Cl \\ | & | \\ O & Cl \end{array}\right]$$

bzw. rotbraunes

$$K_2\left[\begin{array}{cc} O & F \\ | & | \\ O-Cr-O \rightarrow B-F \\ | & | \\ O & F \end{array}\right]$$

welches in Äther stabil ist[16].

Es ist zu erwarten, daß im sauren Bereich instabile Oxoanionen, z. B. das Nitrition oder das Manganat(VI)-ion, durch Koordination mit Lewis-Säuren stabilisiert werden. Die Stabilisierung der Oxoanionen durch Lewis-Säuren dürfte ferner zur Aciditätserhöhung protonierter Oxoanionen führen, z. B. sollte das mit einer Lewis-Säure koordinierte Hydrogenphosphation als stärkere Protonensäure fungieren als das nichtkoordinierte Oxoanion:

$$\left[\begin{array}{cc} O & F \\ | & | \\ H-O-P-O \rightarrow B-F \\ | & | \\ O & F \end{array}\right]^{2-} \rightleftharpoons H^+ + \left[\begin{array}{cc} O & F \\ | & | \\ O-P-O-B-F \\ | & | \\ O & F \end{array}\right]^{3-}$$

In analoger Weise kann im Molekül des gasförmigen N_2O_5[17] der zentrale Sauerstoff als Koordinationszentrum betrachtet und als durch Koordination von zwei als EPA fungierenden Nitroniumionen $[NO_2]^+$ an einem Oxidion entstanden gedacht werden:

---

[16] GUTMANN, V., und Mitarbeiter: Unveröffentlichte Ergebnisse.
[17] HISATSUNE, I. C., J. P. DERLIN und Y. WASA: Spectrochim. Acta **18**, 1641 (1964).

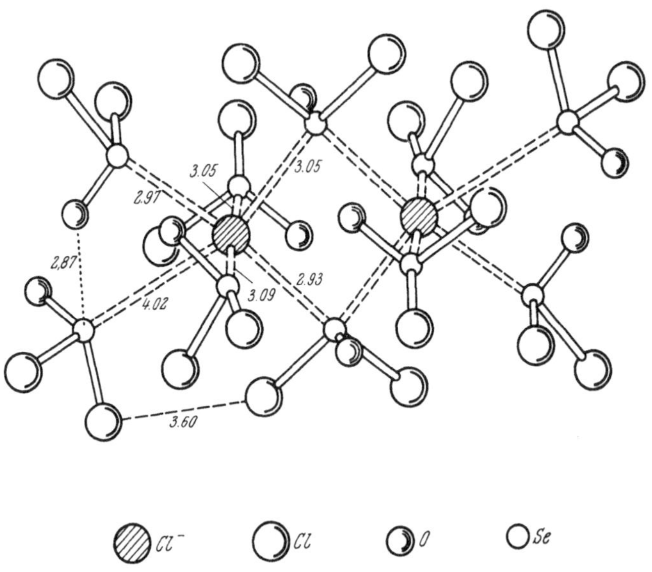

Abb. 17. Struktur des $[Cl_2(SeOCl_2)_{10}]^{2-}$-Ions

In flüssigem Arsen(III)-chlorid wurde die Verbindung $[(CH_3)_4N][As_3Cl_{10}]$ erhalten[18], welche möglicherweise das Chloridion als Koordinationszentrum und $AsCl_3$-Moleküle als Liganden enthält.

In der Verbindung $(CH_3)_4NCl \cdot (SeOCl_2)_5$ liegen diskrete $[(CH_3)_4N]^+$- und $[(SeOCl_2)_{10}Cl_2]^{2-}$-Ionen vor[19]. Die Strukturuntersuchung des Anions zeigt, daß jedes der beiden Chloridionen von fünf etwa äquidistanten Selenoxichloridmolekülen umgeben ist, deren Selenatome sich an fünf der sechs Ecken eines verzerrten Oktaeders befinden[19] (Abb. 17). Zwei der $SeOCl_2$-Moleküle gehören beiden zentralen Chloridionen gemeinsam an. Die Koordination am Chloridion erfolgt über die Selenatome; diese Cl-Se-Bindungsabstände liegen zwischen 2,93 und 3,09 Å, und nur das Se-Atom des sechsten $SeOCl_2$-Moleküls befindet sich im Abstand von 4,02 Å vom Chloridion; der Se-Cl-Abstand ist also deutlich größer als jene innerhalb eines $SeOCl_2$-Moleküls. Es zeigt dies, daß die Selenoxichloridmoleküle nur relativ schwach an die Chloridionen gebunden sind, von denen jedes höchstens vier Elektronenpaare zur Verfügung stellen kann.

In der Verbindung KSb_2F_7 liegt ebenfalls ein komplexes Anion, nämlich das $[Sb_2F_7]^-$-Ion, vor, in welchem das Fluoridion als Koordinationszentrum, die SbF_3-

---

[18] AGERMANN, M., L. H. ANDERSSON, I. LINDQVIST und M. ZACKRISSON: Acta Chem. Scand. **12**, 477 (1958).

[19] HERMODSSON, Y.: Acta Chem. Scand. **21**, 1328 (1967).

Moleküle die Liganden bilden[20] (Abb. 18). Auch in der Verbindung $XeF_2(SbF_5)_2$ liegen $[Sb_2F_{11}]$-Baugruppen mit zentralem, zweifach koordiniertem Fluoridion vor[20a].

Das Fluoridion kann zwei weitere SbF_3-Moleküle koordinieren, nämlich in der Verbindung KSb_4F_{13}, in welchem diskrete $[F(SbF_3)_4]$-Einheiten vorliegen[21] (Abb. 19). Die Sb-F-Abstände innerhalb eines SbF_3-Moleküls sind beträchtlich

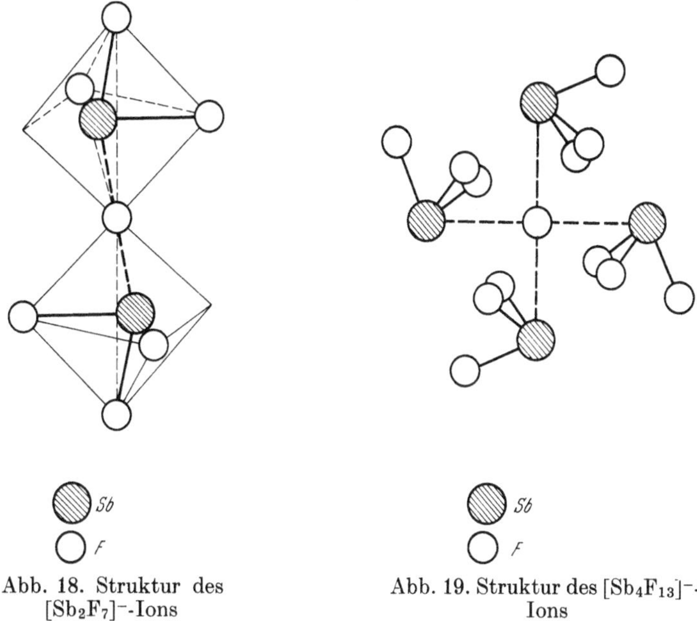

Abb. 18. Struktur des $[Sb_2F_7]^-$-Ions

Abb. 19. Struktur des $[Sb_4F_{13}]^-$-Ions

kürzer (2,01 Å) als diejenigen zwischen zentralem Fluor und koordiniertem Antimon (2,87 Å).

Heteropolyanionen mögen ebenfalls als stabilisierte Anionen aufgefaßt werden: Das zentrale Anion ist z. B. von einer Anzahl MoO_3-Einheiten umgeben, welche als Lewis-Säuren fungieren. Im Falle des Molybdatophosphates wird ein stabiles Anion, das Phosphation, weiter stabilisiert. Das $[CoO_4]^{6-}$ ist im nichtkoordinierten Zustand nicht bekannt, wohl aber stabilisiert im Molybdatocobaltat[22] $[CoMo_{12}O_{40}]^{6-}$.

Im Schmelzpunktdiagramm Äthylchlorid-Bor(III)-chlorid wurde die thermisch unbeständige Verbindung der Zusammensetzung $C_2H_5Cl(BCl_3)_2$ nachgewiesen und zwei Strukturen wurden diskutiert[23]:

$$C_2H_5Cl-\underset{\underset{Cl}{|}}{\overset{\overset{Cl}{|}}{B}}-Cl-\underset{\underset{Cl}{|}}{\overset{\overset{Cl}{|}}{B}}-Cl \quad \text{bzw.} \quad C_2H_5Cl \begin{smallmatrix} \nearrow BCl_3 \\ \searrow BCl_3 \end{smallmatrix}$$

[20] Byström, A., und K. A. Wilhelmini: Arkiv Kemi 3, 466 (1951).
[20a] McRae, V. M., R. D. Peacock und D. R. Russell: Chem. Comm. 1969, 62.
[21] Byström, A., und K. A. Wilhelmini: Arkiv Kemi 3, 17 (1951).
[22] Baker, L. C. W., und V. E. Simmons: J. Am. Chem. Soc. 81, 4744 (1959).
[23] Martin, D. R., und W. B. Hicks: J. Phys. Chem. 50, 422 (1946).

Verbindungen mit analoger Zusammensetzung bilden auch Äther, und zwar nicht nur mit Bor(III)-halogeniden, sondern auch mit Aluminium(III)-halogeniden[24-27]. Es wäre von Interesse, deren Strukturen aufzuklären.

Vor kurzem wurde eine Verbindung mit Stickstoff als Koordinationszentrum beschrieben[28]:

$$
\begin{array}{ccc}
 & \diagup SO_4 \diagdown & \\
Ir \diagup & \nwarrow N \nearrow & \diagdown Ir \\
\mid & \downarrow & \mid \\
SO_4 \diagdown & & \diagup SO_4 \\
 & \diagdown Ir \diagup &
\end{array}
$$

Man kann sich die Verbindung aus dem hypothetischen Nitridion N^{3-}, drei Ir^{3+}-Liganden und drei Sulfationen entstanden denken.

Es liegt auf der Hand, auf Grund dieser Vorstellungen Versuche zur Herstellung neuartiger Koordinationsverbindungen anzustellen.

---

[24] DYKE, R. E. VAN, und H. E. CRAWFORD: J. Am. Chem. Soc. **72**, 2829 (1950).

[25] DYKE, R. E. VAN, und H. E. CRAWFORD: J. Am. Chem. Soc. **73**, 2018 (1951).

[26] MENZEL, W., und M. FROEHLICH: Ber. dtsch. chem. Ges. **75**, 1055 (1942).

[27] WIRTH, H. E., M. J. JACKSON und H. W. GRIFFITHS: J. Phys. Chem. **62**, 871 (1958).

[28] WIRTH, H. E., M. J. JACKSON und H. W. GRIFFITHS: Inorg. Chem. **9**. 2315 (1970).

Kapitel V

Ionensolvatation

1. Auflösung von Ionenkristallen

Die zur Auflösung eines Ionenkristalls in einem koordinierenden Lösungsmittel, z. B. Wasser, notwendige Energie wird durch die Solvatation der Ionen geliefert, wie die Betrachtung eines Born-Haber-Kreisprozesses zeigt (Abb. 20).

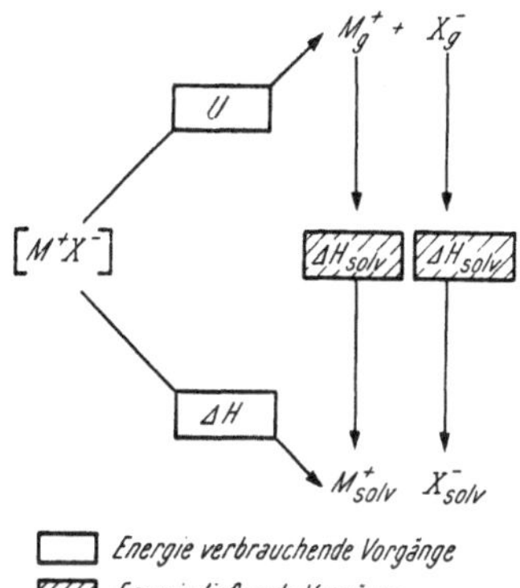

Abb. 20. Born-Haber-Kreisprozeß für die Auflösung eines Ionenkristalls $[M^+X^-]_n$ in einem Lösungsmittel

Der erforderliche Energiebetrag ist um so höher, je größer die Gitterenergie des Ionenkristalls ist.

Die solvatisierten Ionen liegen in Lösungsmitteln niederer Dielektrizitätskonstante vor allem in Form von Ionenassoziaten vor. Je geringer die Dielektrizitätskonstante des Mediums, desto größer ist der Anteil an Ionenassoziaten. Die Ionenpaare von 1:1-Elektrolyten liefern zur Leitfähigkeit der Lösungen keinen Beitrag, so daß Lösungen von Tetrabutylammoniumperchlorat in Dioxan ($\varepsilon = 2{,}2$) oder Tributylphosphat ($\varepsilon = 6{,}8$) den elektrischen Strom kaum leiten.

Die Anziehungskraft K zwischen zwei entgegengesetzt geladenen Teilchen ist nach dem Coulombschen Gesetz in einem Medium geringer Dielektrizitätskonstante größer als in einem solchen hoher Dielektrizitätskonstante: K ist umgekehrt proportional der Dielektrizitätskonstante ε:

$$K = \frac{1}{\varepsilon} \cdot \frac{e_1 \cdot e_2}{r^2}$$

Die Dissoziation der Ionenassoziate zu voneinander unabhängigen Ionen (siehe Abb. 23, Seite 55) ist um so größer, je höher die Dielektrizitätskonstante des Mediums ist.

Diese elektrostatische Beschreibung des Verhaltens von Elektrolytlösungen erweist sich als allgemein anwendbar, obgleich nicht immer vollständige Übereinstimmung zwischen Beobachtung und Berechnung erzielt werden kann; so wäre z.B. zu erwarten, daß bei gleich großer Ladung kleine Ionen stärker der Assoziation unterliegen als größere; tatsächlich aber assoziieren in Wasser verschiedene Salze des Rubidiums und Cäsiums stärker als die entsprechenden des Natriums oder Kaliums[1].

2. Solvatation und Ionenassoziation von Alkalimetallionen

Nach der elektrostatischen Betrachtungsweise wird die Solvatation als Anlagerung der „Lösungsmitteldipole" an die Ionen aufgefaßt[1] *(Ion-Dipol-Wechselwirkung)*. Daher wird die Polarität der Lösungsmittelmoleküle, also ihr Dipolmoment, als entscheidender Faktor für die Solvatation und damit auch für die ionisierenden Eigenschaften eines Lösungsmittels angesehen.

Die Interpretation der Hydratation von Metallionen nur auf dem Boden der elementaren elektrostatischen Theorie der Ion-Dipol-Wechselwirkung ließe z.B. erwarten, daß Ionen gleicher Größe und gleicher Ladung durch ein gegebenes Lösungsmittel in gleicher Weise solvatisiert werden. Wie Tab. 7 zeigt, sind die Hydratationsenthalpien für Ionen gleicher Ladung und gleicher Größe aber dann verschieden, wenn sie sich im Aufbau ihrer Elektronenhülle unterscheiden. Ein Alkalimetallion zeigt eine geringere Hydratationsenthalpie und im hydratisierten Zustand eine kleinere Säurekonstante als das entsprechende d^{10}-Ion gleicher Größe und gleicher Ladung[2]; Hydrate der d^{10}-Ionen sind, wie schon erwähnt wurde, leichter deprotonierbar als diejenigen der Alkalimetallionen.

Die Unterschiede werden darauf zurückgeführt, daß die d^{10}-Ionen die Elektronen der Wassermoleküle stärker polarisieren als die Alkalimetallionen. Dies ist gleichbedeutend mit kovalenten Anteilen in diesen Hydratbindungen.

Tabelle 7. *Hydratationsenthalpien* $-\Delta H$ *und* pK_S-*Werte von Paaren von Ionen gleicher Ladung und ähnlicher Ionengröße*

Aquoionen	Eigenschaft	r [Å]	$-\Delta H$ [kcal/mol]	pK_S in Wasser bei 25° C
K^+	hart	1,33	76	14
Ag^+	weich	1,26	112	10
Mg^{2+}	hart	0,65	437	12,2
Cu^{2+}	weich	0,69	499	7,3
Ca^{2+}	hart	0,99	362	12,6
Cd^{2+}	weich	0,97	428	9,0
Sr^{2+}	hart	1,13	327	13,1
Hg^{2+}	weich	1,10	443	3,6

[1] GURNEY, R. W.: „Ionic Processes in Solution", McGraw Hill Publ. Company, London, 1953.

[2] GUTMANN, V.: Chimia **23**, 285 (1969).

Als quantitatives Maß der „Polarität" des Lösungsmittels müßte nicht das Dipolmoment, sondern die Feldwirkung seiner Dipole herangezogen werden, da auf Grund des Dipolmoments allein z. B. Acetonitril ($\mu = 3{,}2$) ein besser solvatisierendes Lösungsmittel sein sollte als Wasser ($\mu = 1{,}84$), was jedoch nicht den Tatsachen entspricht. Für die Feldwirkung der Dipole steht aber keine Meßgröße zur Verfügung.

Die elementare elektrostatische Beschreibung, bei der das im elektrischen Einheitsfeld gemessene Dipolmoment herangezogen und die Polarisierbarkeit der EPD-Moleküle nicht berücksichtigt wird, reicht offensichtlich nicht zur Erklärung der Ionensolvatation aus.

Der Berücksichtigung der Polarisierbarkeit ist insofern eine Grenze gesetzt, als ihr die Messung in einem homogenen Feld zugrunde liegt. Das Feld in der Umgebung eines Ions ist aber inhomogen, und es wird durch die Wechselwirkung mit Dipolmolekülen weiter beeinflußt, so daß auch die Polarisierbarkeit der Lösungsmittelmolekeln weiteren Veränderungen unterworfen ist. Die Unkenntnis sowohl des tatsächlichen elektrischen Feldes als auch der Polarisierbarkeit im Felde eines anderen Ions verhindert die Durchrechnung auch für ein relativ einfaches System. Somit sind der Berechnung mit Hilfe der elektrostatischen Theorie ähnliche Grenzen gesetzt wie der MO-Theorie.

Bei der funktionellen Beschreibung steht die EPA-EPD-Wechselwirkung zwischen Metallion und Lösungsmittel im Vordergrund, und es werden nicht nur die bei der Entstehung der Solvatbindungen erfolgenden elektronischen Veränderungen, sondern auch diejenigen der benachbarten Bindungen in Betracht gezogen.

Bei dieser phänomenologischen Beschreibung erweist sich die Donizität des EPD-Lösungsmittels als nützliche Richtgröße zur Beurteilung des Ausmaßes der Solvatation, wie in den folgenden Punkten gezeigt wird:

1. In Kapitel III, Seite 25 ff., wurde gezeigt, daß für ein gegebenes Redoxsystem, z. B.

$$\mathrm{Na} \rightleftharpoons \mathrm{Na}^+ + \mathrm{e}^-$$

eine Beziehung zwischen dem polarographischen Halbwellenpotential und der Donizität, also dem Koordinationsvermögen des Lösungsmittels, besteht. Ein Zusammenhang zwischen polarographischem Halbwellenpotential und Dipolmoment oder der Dielektrizitätskonstante des Lösungsmittels existiert indes nicht.

2. Die kernresonanzspektrographische Untersuchung an Protonen in Hydraten zeigt, daß sowohl in Aquokationen als auch in Aquoanionen eine chemische Verschiebung zu niedrigerem Feld erfolgt. Dies ist auf die Polarisation der O-H-Bindung der koordinierten Wassermoleküle zurückzuführen[3, 4]. Und zwar wird, wie schon in Kapitel IV, Seite 34, beschrieben wurde, durch die Wechselwirkung eines Wassermoleküls mit einem Kation eine Polarisation der O-H-Bindungen hervorgerufen:

$$\mathrm{M}^+ \leftarrow \mathrm{O} \begin{smallmatrix} \nearrow \mathrm{H} \\ \searrow \mathrm{H} \end{smallmatrix}$$

---

[3] Shoolery, J. N., und B. J. Alder: J. chem. Phys. **23**, 805 (1955).

[4] Robinson, R. A., und R. H. Stokes: „Electrolyte Solutions", London, Butterworth, 1959, S. 22.

Die chemische Verschiebung steigt mit Zunahme der positiven Ladung des Ions
und innerhalb einer Gruppe mit abnehmender Ordnungszahl (Abb. 21). Nach der
elementaren elektrostatischen Theorie sollten die chemischen Verschiebungen im

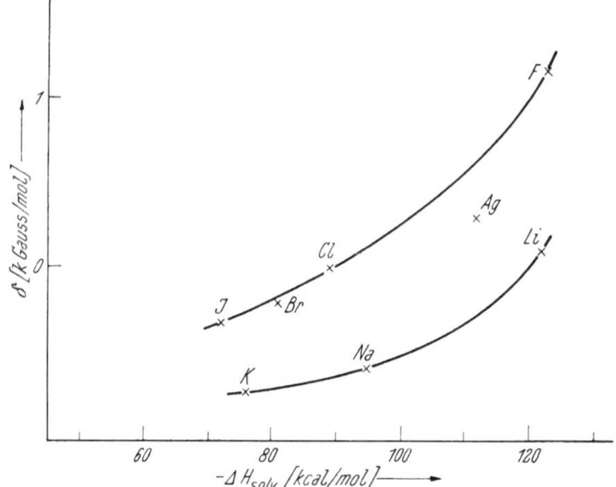

Abb. 21. Chemische ^{1}H-Verschiebung von in Aquokomplexen gebundenem Hydratwasser in
Abhängigkeit von der Solvatationsenthalpie $-\Delta\mathrm{H_{solv}}$

Aquokomplex des Silberions wie auch in den Hydraten der Halogenidionen (siehe
folgenden Abschnitt) jedoch wesentlich kleiner sein[3, 4].

Unter Heranziehung der EPA-Eigenschaften der Kationen, und der EPD-
Eigenschaften der Anionen lassen sich die beobachteten Effekte leicht erklären:
Das Silberion fungiert als eine stärkere Lewis-Säure als das Natriumion und die
Halogenidionen fungieren als relativ starke Lewis-Basen.

3. In überzeugender Weise haben Popov und Mitarbeiter[5] dargelegt, daß für
die Solvatation des Natriumions die EPD-Eigenschaften der Lösungsmittelmoleküle von entscheidender Bedeutung sind.

Sie haben die chemische Verschiebung für ^{23}Na an Lösungen von $NaClO_4$, $NaBF_4$
und $Na[B(Ph)_4]$ in verschiedenen EPD-Lösungsmitteln untersucht und fanden
dieselbe unabhängig von der Konzentration. Daher wird die chemische Verschiebung auf die Veränderung der Elektronenhülle der Kationen, hervorgerufen durch
die Solvatation in der inneren Koordinationssphäre, zurückgeführt.

Wird die chemische Verschiebung gegen die Donizität der EPD-Lösungsmittelmoleküle aufgetragen (Abb. 22), so wird eine Gerade erhalten[5] (nur der Wert für
Wasser liegt außerhalb derselben). Dieser Zusammenhang zeigt, daß durch die
Solvatation des Natriumions die elektronische Umgebung desselben um so
stärker verändert wird, je stärker die EPD-Eigenschaften der Lösungsmittelmoleküle sind. Ein Zusammenhang zwischen chemischer Verschiebung und
Dipolmoment oder der Dielektrizitätskonstante des Lösungsmittels existiert indes
nicht.

4. Die Bedeutung kovalenter Anteile in den Solvatbindungen geht weiters aus
Studien an Salzen von Carbanionen hervor. In Lösungen der Alkaliverbindungen
von Carbanionen und Radikalionen existieren neben den solvatisierten Ionen-

[5] EHRLICH, R. H., E. ROACH und A. I. POPOV: J. Am. Chem. Soc. **92**, 4989 (1970).

paaren andere nichtleitende Einheiten, welche als „unsolvatisierte Ionenpaare"
oder „Kontaktionenpaare" bezeichnet werden[6].

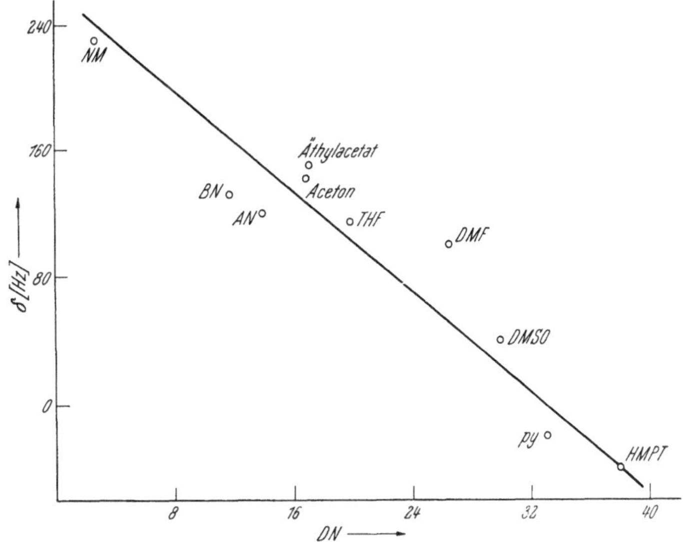

Abb. 22. ^{23}Na-KMR-Verschiebung von Natriumsalzen in verschiedenen Lösungsmitteln als
Funktion der Donizität des Lösungsmittels

Die Mengenverhältnisse, in denen diese beiden Arten von Ionenpaaren vorliegen, werden wesentlich von der Natur des Alkalimetallions und vom Koordinationsvermögen des Lösungsmittels, aber kaum vom Dipolmoment oder der
Dielektrizitätskonstante des Lösungsmittels beeinflußt.

Die Fluorenylsalze der Alkalimetalle sind in schwach koordinierenden Lösungsmitteln ionisiert, aber kaum dissoziiert. λ_{max} im Absorptionsspektrum der solvatisierten Ionenpaare wird nicht von der Polarität der Lösungsmittelmoleküle beeinflußt und dasjenige der „Kontaktionenpaare" nur in sehr geringem Maße[6].

Die Alkalisalze liegen in Lösungen in Toluol und Dioxan ausschließlich in
Form von „Kontaktionenpaaren" vor. Im stärker als EPD fungierenden Tetrahydrofuran werden solvatisierte Ionenpaare bevorzugt, und es nimmt die Stabilität der Kontaktionenpaare mit fallender Größe des Alkalimetallions ab:

$$Cs^+ > Rb^+ > K^+ > Na^+ > Li^+$$

In Tetrahydrofuran liegt Lithiumfluorenylat bei 25° C zu 80% in Form solvatisierter Ionenpaare vor, während das Kaliumsalz in demselben Lösungsmittel ausschließlich in Form von „Kontaktionenpaaren" angetroffen wird. Im stärker als
EPD fungierenden Dimethoxyäthan (Chelateffekt möglich) bildet das Lithium-
salz ausschließlich und das Natriumsalz zu 95% solvatisierte Ionenpaare,
während die Kaliumverbindung zu 90% „Kontaktionenpaare" bildet. Mit
steigender Donizität der Lösungsmittelmoleküle treten die Anteile an
„Kontaktionenpaaren" weiter zurück. In Pyridin (DN = 33,1) und Dimethylsulfoxid (DN = 29,8) werden in Lösung der Lithium- und Kaliumsalze keine „Kon-

---

[6] HOGEN-ESCH, T. E., und J. SMID: J. Am. Chem. Soc. **88**, 307 (1966).

taktionenpaare" nachgewiesen. Fügt man Dimethylsulfoxid zur Lösung in Tetrahydrofuran, wo Natriumfluorenylat zu 95% in Form von „Kontaktionenpaaren" vorliegt, so werden letztere in von Lösungsmittelmolekülen separierte Ionenpaare umgewandelt.

Es kann aber nur sinnvoll sein, von einem „Kontaktionenpaar" zu sprechen, wenn die Wechselwirkung fast ausschließlich elektrostatischer Natur ist, wie etwa im Natriumchloridkristall. Eine solche Ion-Ion-Wechselwirkung sollte relativ stark sein und nicht zugunsten einer Ion-Dipol-Wechselwirkung zurücktreten, und außerdem von der Dielektrizitätskonstante des Mediums entscheidend beeinflußt werden.

Die für das „Kontaktionenpaar" angegebene Spektralbande kann der Fluorenylgruppe in einem Molekülkomplex

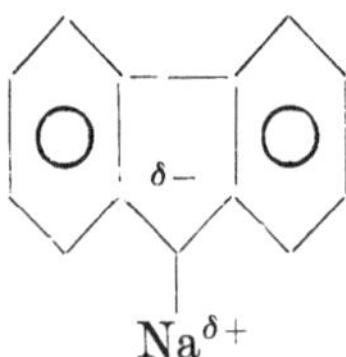

zugeschrieben werden, und die an der Fluorenylgruppe beobachtbaren Substitutionsreaktionen sind mit dieser Formulierung im Einklang.

Schließlich ergäbe sich bei Beibehaltung des Begriffes „Kontaktionenpaar" die Frage, welche Kriterien herangezogen werden sollten, um zwischen einem „Kontaktionenpaar" und einer kovalenten polarisierten Bindung, wie etwa im Thallium(I)-jodid, zu unterscheiden, und ob eine solche Unterscheidung überhaupt sinnvoll ist.

Das „Kontaktionenpaar" wird daher besser als Charge-Transfer-Komplex mit ausgeprägt polarisierter Bindung zwischen Alkalimetall und Fluorenylgruppe aufgefaßt (Kapitel XI, Abschnitt 3, Seite 120). Das EPD-Lösungsmittel ionisiert, wie im folgenden Abschnitt näher ausgeführt wird, die polarisierte Bindung zu Ionenpaaren, in denen das Alkalimetallion durch Solvatation stabilisiert wird. Dies ist auch im Einklang mit der Beobachtung, daß die Wechselwirkung zwischen Natrium und Fluorenyl nicht eine Funktion der Dielektrizitätskonstante oder des Dipolmomentes des Lösungsmittels, sondern eine Funktion der Donizität desselben ist.

5. Infrarotspektren[7] von Lösungen der Alkalimetallsalze in Dimethylsulfoxid und 1-Methyl-pyrrolidin zeigen eine Bande in der Region zwischen 450 und 100 cm^{-1}, deren Lage nur von der Natur des Kations abhängt. Ähnliche Banden wurden an Lösungen der Alkalimetallsalze in Tetrahydrofuran aufgefunden[8]. Die Lage der Banden wird jedoch in hohem Maße von der Natur des Anions beeinflußt[8,9].

Das zuletzt genannte Ergebnis wurde zunächst auf Grund der elektrostatischen Theorie interpretiert: Die niedere Dielektrizitätskonstante des Tetrahydrofurans sollte die Bildung von Ionenpaaren begünstigen, wobei die Anionen in die Solvat-

[7] WUEPPER, J. L., und A. I. POPOV: J. Am. Chem. Soc. **92**, 1493 (1970).

[8] EDGELL, W. F., J. LYFORD, R. WRIGHT und W. RISEN: J. Am. Chem. Soc. **88**, 1815 (1966).

[9] EDGELL, W. F., J. LYFORD, R. WRIGHT, W. RISEN und A. WATTS: J. Am. Chem. Soc. **92**, 2240 (1970).

hülle eindringen, so daß die Ion-Dipol-Wechselwirkung durch die stärkere Ion-Ion-Wechselwirkung ersetzt wird[8,9].

Die Untersuchungen POPOVS[7] zeigen jedoch eindeutig, daß es sich um einen Donizitätseffekt handelt: Er führte die Untersuchungen in Dioxan, also in einem Lösungsmittel sehr geringer Dielektrizitätskonstante, aus und fügte anteilweise Dimethylsulfoxid hinzu. Die Lage der Banden bei Gegenwart von Dimethylsulfoxid blieb auch bei kleiner Dielektrizitätskonstante unabhängig von der Natur des Anions. Die hohe Donizität der Dimethylsulfoxidmoleküle verhindert das Eindringen der Anionen in die Koordinationssphäre des Alkalimetallions, während die geringere Donizität der Tetrahydrofuranmoleküle ihre teilweise Substitution in der Koordinationssphäre durch Anionen ermöglicht.

6. Die in letzter Zeit erschienenen LCAO-MO-Berechnungen an solvatisierten Ionen zeigen deutlich, daß kovalenten Bindungsanteilen eine entscheidende Rolle zukommt[10-12]. Die Berechnungen mit Hilfe eines semiempirischen Verfahrens, der sogenannten CNDO-Methode[13,14], an solvatisierten Atomionen führten zu folgendem Ergebnis:

Durch die Hydratation erfolgt eine deutliche Ladungsverminderung am Kation, so daß auf kovalente Bindungsanteile zwischen Lithiumion und den in der ersten Koordinationssphäre gebundenen Wassermolekülen geschlossen wird (Tab. 8).

Tabelle 8. *Ladungsverteilung im hydratisierten Li-Ion tetraedrischer Koordination*

Zahl der H_2O-Moleküle	Nettoladung des Zentralions	Mittlere Ladung der H_2O-Moleküle		
		1. Sphäre	2. Sphäre	3. Sphäre
1	+0,81	+0,19	—	—
2	+0,62	+0,19	—	—
4	+0,44	+0,14		
7	+0,41	+0,13	+0,06	—
16	+0,41	+0,08	+0,02	—
17	+0,41	+0,08	+0,02	+0,003

3. Hydratation von Halogenidionen

Bei der Hydratation von Anionen werden nicht jene Strukturen bevorzugt, welche der bei Ion—Dipol-Orientierung erwarteten Geometrie entsprechen:

$$X - \underset{\diagdown H}{\overset{\diagup H}{<}} > O$$

$$\boxed{-}\ \boxed{+\ \ -}$$

---

[10] LISCHKA, H., TH. PLESSER und P. SCHUSTER: Chem. Phys. Letters **6**, 263 (1970).

[11] BURTON, E. R. und J. DALY: Trans. Farad. Soc. **66**, 1281 (1970).

[12] LISCHKA, H., P. RUSSEGGER und P. SCHUSTER: Private Mitteilung.

[13] POPLE, J. A., D. P. SANTRY und G. A. SEGAL: J. Chem. Phys. **43**, 129 (1965).

[14] POPLE, J. A., und G. A. SEGAL: J. Chem. Phys. **43**, 136 (1965); **44**, 3289 (1966).

Für die Hydratation der Anionen ist vielmehr *jene Geometrie entscheidend, die für die Ausbildung von Wasserstoffbrückenbindungen am günstigsten ist*, wie die Ergebnisse der CNDO-Rechnungen[13,14] wie auch einer „ab initio"-Berechnung[15] zeigen:

$$\mathrm{X^- \to H - O}\diagdown_{\mathrm{H}}$$

Das Ausmaß der Ladungsübertragung im hydratisierten Fluoridion entspricht etwa demjenigen im [F—H—F]⁻-Ion, welches wesentlich größer ist als bei den Wasserstoffbrückenbindungen in flüssigem Wasser oder in flüssigem Fluorwasserstoff[16,17]. Dies ist durch die starken Wasserstoffbrückenbindungen zwischen dem Fluoridion und den in der ersten Hydratationssphäre koordinierten Wassermolekülen bedingt. Mit steigender Zahl der in der Hydrathülle vorhandenen Wassermoleküle werden die Wasserstoffbrückenbindungen geschwächt, so daß weniger Ladung übertragen wird und der F-O-Abstand zunimmt. Durch Anbau der zweiten und dritten Hydratationssphäre wird die Ladung des zentralen Anions kaum verändert (Tab. 9).

Tabelle 9. *Ladungsverteilung im hydratisierten Fluoridion bei tetraedrischer Umgebung*

Zahl der H_2O-Moleküle	Nettoladung des Zentralions	Mittlere Ladung der H_2O-Moleküle		
		1. Sphäre	2. Sphäre	3. Sphäre
1	−0,65	−0,35	−	−
2	−0,59	−0,21	−	−
4	−0,55	−0,11	−	−
7	−0,55	−0,09	−0,06	−
16	−0,55	−0,05	−0,02	−
17	−0,55	−0,05	−0,02	−0,01

Die angeführten Modellrechnungen geben außerdem direkte Hinweise auf die Kontraktion der Wasserstruktur in den Hydrathüllen des Lithiumions und des Fluoridions, welche mit den kleinen Molvolumina für diese beiden Ionen gut im Einklang stehen. Bei größeren Ionen, z. B. Natriumion oder Chloridion, sind die Abstände der Wassermoleküle vom Zentralion größer, und der erwähnte Kontraktionseffekt tritt nicht auf.

Die Ladungsverschiebung ergibt sich auch aus den Ergebnissen kernresonanzspektrographischer Untersuchungen an Hydraten von Halogenidionen[3,4]: Es wird die negative Ladung am Sauerstoffatom des Wassers vergrößert und am Halogenidion vermindert.

Die Koordination von Halogenidionen durch andere Lewis-Säuren wurde schon in Kapitel IV, Seite 40 ff., besprochen.

---

[15] DIERCKSEN, G. H. F., und W. P. KRAEMER: Chem. Phys. Letters **5**, 570 (1970).
[16] SCHUSTER, P.: Internat. J. Quantum Chem. **3**, 851 (1969).
[17] SCHUSTER, P.: Theoret. Chim. Acta **19**, 212 (1970).

Kapitel VI

Durch EPD-EPA-Wechselwirkung eingeleitete Ionisation

1. Allgemeine Beschreibung

Die elektrostatische Theorie vermag nicht zu erklären, weshalb eine kovalente Verbindung in zwei verschiedenen Lösungsmitteln gleicher Dielektrizitätskonstante gegensätzliches Verhalten zeigen kann: Wasser und wasserfreie Schwefelsäure haben etwa dieselbe Dielektrizitätskonstante; Perchlorsäure ist in Wasser zu 100% dissoziiert, in wasserfreier Schwefelsäure aber ein Nichtelektrolyt; andererseits ist Triphenylcarbinol in Wasser ein Nichtelektrolyt, in wasserfreier Schwefelsäure aber vollständig dissoziiert[1, 2].

Die Bildung von Ionen durch Heterolyse einer kovalenten Bindung kann nämlich nur entweder durch EPD-EPA-Wechselwirkung oder durch ED-EA-Wechselwirkung eingeleitet werden[2, 3].

Unter *Ionisation* wird im folgenden der *Gesamtvorgang der Bildung von Ionen in Lösung* verstanden, also sowohl der Ionen in freier Form als auch derjenigen in Form von Ionenassoziaten, wie z. B. Ionenpaaren (Abb. 23, Seite 55).

Nur die Dissoziation der Ionenassoziate wird durch die Theorie der *elektrolytischen Dissoziation* erfaßt[3, 4].

Zunächst sei die Bildung von Ionenassoziaten in einem Medium der Dielektrizitätskonstante $\varepsilon = 1$ beschrieben.

Es ist im vorhergehenden Abschnitt dargelegt worden, daß bei der Wechselwirkung zwischen kovalentem Lösungsmittel und Gelöstem die EPD- bzw. EPA-Funktion des Lösungsmittels zu berücksichtigen ist. Wasser fungiert gegenüber Metallionen als Elektronenpaardonor und gegenüber Anionen als Elektronenpaaracceptor.

Nichtsdestoweniger bewährt es sich, die Lösungsmittel entsprechend ihrer vorwiegend ausgeübten Funktion zu klassifizieren[5]: Wasser, Alkohole, Nitrile, Verbindungen mit $C=O$-, $P=O$-, $S=O$-Gruppen[6], Ammoniak, Amine u. a. reagieren

---

[1] GUTMANN, V.: Chimia **23**, 285 (1969).

[2] GUTMANN, V.: Rec. Chem. Progr. **30**, 169 (1969).

[3] GUTMANN, V.: Angew. Chem. **82**, 858 (1970). Int. Ed. **9**, 843 (1970).

[4] GUTMANN, V., und U. MAYER: Mh. Chem. **100**, 2048 (1969).

[5] GUTMANN, V.: „Coordination Chemistry in Non-Aqueous Solutions", Springer-Verlag, Wien-New York, 1968.

[6] LINDQVIST, I.: „Inorganic Adduct Molecules of Oxo-Compounds", Springer-Verlag, Berlin-Göttingen-Heidelberg, 1963.

bevorzugt mit Elektronenpaaracceptoren unter Ausübung der EPD-Funktion, und sie werden daher als EPD-Lösungsmittel bezeichnet. Wasserfreie Schwefelsäure, die flüssigen Halogenwasserstoffe, kovalente Halogenide, wie Brom(III)-fluorid oder Arsen(III)-chlorid, reagieren vor allem mit Elektronenpaardonoren unter Ausübung der EPA-Funktion. Man zählt sie zu den EPA-Lösungsmitteln[5].

Durch nucleophilen Angriff eines EPD-Moleküls am elektropositiveren Partner M einer kovalenten Bindung

$$\overset{\delta+}{M}-\overset{\delta-}{X}$$

erfolgt im entstehenden Addukt eine Elektronenverschiebung von M nach X[3, 4, 7, 8], welche bei vollständiger Ladungstrennung zur Bildung von X^--Ionen sowie von durch Koordination mit EPD-Molekülen stabilisierten Kationen $[(EPD)M]^+$ führt:

$$EPD + M-X \rightleftharpoons [(EPD)M]^+ X^-$$

z. B.

$$H_2O + HF \rightleftharpoons [H_3O]^+ F^-$$
$$6\,DMSO + CoJ_2 \rightleftharpoons [Co(DMSO)_6]^{2+} 2\,J^-$$
$$4\,py + SiJ_4 \rightleftharpoons [Si(py)_4 J_2]^{2+} 2\,J^-$$

Der Ablauf eines solchen Ionisationsvorganges ist im Rahmen der chemischen Funktionslehre ohne weiteres verständlich:

Die durch EPD-EPA-Wechselwirkung eingeleitete Ionisation einer kovalenten Bindung[3, 4, 8] erfolgt unter *zweimaliger Funktionsumkehr*[9], jeweils entsprechend dem Prinzip der chemischen Funktionsfolge.

Beim nucleophilen Angriff eines EPD auf M—X fungiert M als Elektronenpaaracceptor:

$$EPD \rightarrow \overset{\delta+}{M} - \overset{\delta-}{X}$$
$$EPA$$

Hiedurch wird die Elektronenpopulation an M erhöht, und es wird jener Elektronenschub entlang der Bindung M—X ausgelöst, welcher zur Übertragung eines Elektrons von M nach X führt. Die von M nunmehr ausgeübte ED-Funktion ist nach dem Prinzip der chemischen Funktionsfolge der vorher ausgeübten EPA-Funktion nicht korreliert.

$$EPD - M - X$$
$$ED \quad EA$$

Durch die Ausübung der ED-Funktion wird an M die Elektronenpopulation verringert, so daß nun abermals Funktionsumkehr, nämlich unter Entfaltung der EPA-Funktion, erfolgt, welche der ED-Funktion nicht korreliert ist. Das Kation M^+ übt die EPA-Funktion stärker aus als M in der kovalenten Bindung M—X. Nach Regel D (Seite 21) wird nämlich durch Zunahme der positiven Ladung die EPA-Eigenschaft verstärkt, und es werden daher die EPD-Moleküle im Kation stärker gebunden als im kovalenten Substrat M—X. *Das Kation wird durch Koordination mit dem EPD stabilisiert:*

[7] GUTMANN, V.: Chemie in unserer Zeit **4**, 90 (1970).
[8] GUTMANN, V.: Chem. in Britain **7**, 102 (1971).
[9] GUTMANN, V.: Mh. Chem. **102**, 1 (1971).

$$[EPD-M]^+ + X^-$$
$$EPA$$

Durch *elektrophilen Angriff eines EPA-Moleküls* am elektronegativeren Partner X einer kovalenten Bindung

$$\overset{\delta+}{M} - \overset{\delta-}{X}$$

wird ebenfalls ein Elektronenzug von M nach X bewirkt. Führt dieser zur Ladungstrennung, so entstehen neben den M^+-Ionen die durch Koordination mit EPA-Molekülen stabilisierten $[(EPA)X]^-$-Anionen[3, 4, 7, 8]:

$$M - X + EPA \rightleftharpoons M^+[(EPA)X]^-$$

z. B.

$$Ph_3CCl + HCl \rightleftharpoons [Ph_3C]^+ \cdot [HCl_2]^-$$
$$NOF + SbF_5 \rightleftharpoons [NO]^+ \cdot [SbF_6]^-$$
$$BrF_3 + VF_5 \rightleftharpoons [BrF_2]^+ \cdot [VF_6]^-$$

Die *Stabilisierung der Anionen durch Koordination* mit einem EPA entspricht ebenfalls der chemischen Funktionslehre: das Anion X^- ist ein stärkerer EPA als X in $M - X$, also im Zustand geringerer Ladung.

Auch im Verlaufe des durch elektrophilen Angriff eines EPA an X in $M - X$ bedingten Ionisationsvorganges erfolgt *zweimal die Funktionsumkehr* entsprechend dem Prinzip der chemischen Funktionsfolge: X fungiert in $M - X$ als EPD gegenüber dem elektrophil angreifenden EPA:

$$M - X \rightarrow EPA$$
$$EPD$$

Dadurch wird die Ausbildung der dieser nicht korrelierten EA-Funktion gefördert, und es wird jener Elektronenzug von M nach X ausgelöst

$$M - X - EPA$$
$$EA$$

welcher zur Trennung der kovalenten Bindung unter Bildung des durch Koordination stabilisierten Anions führt.

Die Elektronenpopulation an X^- ist höher geworden als die an X in $M - X$, und dies bedingt die Funktionsumkehr unter Ausübung einer stärkeren EPD-Funktion als in $M - X$. Daher ist das Anion durch EPD-EPA-Wechselwirkung stabilisiert:

$$M^+ + [X(EPA)]^-$$
$$EPD$$

Ein Lösungsmittel wirkt um so besser ionisierend, je stärker es seine Funktionen dem Substrat gegenüber ausüben kann; am besten ist es, wenn das Lösungsmittel dem entstehenden Kation gegenüber als EPD, gegenüber dem entstehenden Anion aber als EPA fungieren kann. Der Elektronenzug entlang $M - X$ wird sowohl durch nucleophilen Angriff des EPD an M als auch durch elektrophilen Angriff von EPA an X in dieselbe Richtung gelenkt, und es werden gleichzeitig Kation und Anion durch Koordination stabilisiert.

$$EPD \rightarrow M - X \rightarrow EPA \rightleftharpoons [(EPD)M]^+ \cdot [X(EPA)]^-$$

Diese bifunktionellen Eigenschaften hat in besonderem Maße das Wasser: Es fungiert über das Sauerstoffatom als EPD gegenüber Metallionen und anderen EPA und unter Errichtung von Wasserstoffbrückenbindungen als EPA, z. B. gegenüber Anionen:

$$CoJ_2 + (n + 2m)H_2O \rightleftharpoons [Co(OH_2)_n]^{2+} + 2[J(H_2O)_m]^-$$

Auch die niederen Alkohole sowie flüssiges Ammoniak können nicht nur als EPD, sondern auch als EPA fungieren.

Man kann durch geeignete Kombination zweier Lösungsmittel ähnliche Effekte erzielen. So werden zahlreiche Metallchloride in Nitromethan oder in Phosphoroxichlorid[10,11], welche schwache EPD-Funktionen gegenüber den Metallionen ausüben, nur dann ionisiert, wenn durch Zusatz eines geeigneten Elektronenpaaracceptors, z. B. Antimon(V)-chlorid, die entstehenden Anionen gleichzeitig stabilisiert werden, z. B.

$$CoCl_2 + POCl_3 \qquad \text{keine Ionisation}$$
$$CoCl_2 + SbCl_5 \qquad \text{keine Ionisation}$$
$$CoCl_2 + 6\,POCl_3 + 2\,SbCl_5 \rightleftharpoons [Co(OPCl_3)_6]^{2+} + 2[SbCl_6]^-$$

$$MgCl_2 + NM \qquad \text{keine Ionisation}$$
$$MgCl_2 + FeCl_3 \qquad \text{keine Ionisation}$$
$$MgCl_2 + 6\,NM + 2\,FeCl_3 \rightleftharpoons [Mg(NM)_6]^{2+} + 2[FeCl_4]^-$$

Die durch EPD-EPA-Wechselwirkung eingeleitete Ionisation einer kovalenten Bindung kann als *Ligandentauschreaktion* aufgefaßt werden, bei welcher entweder neutrale EPD-Moleküle Anionen X^- oder neutrale EPA-Moleküle Kationen M^+ in $M-X$ verdrängen[3,12].

Das schon erwähnte unterschiedliche Verhalten von Perchlorsäure bzw. Triphenylcarbinol in Wasser und in wasserfreier Schwefelsäure findet nun eine zwanglose Erklärung: Perchlorsäure reagiert zufolge ihrer Elektronenpaaracceptoreigenschaften quantitativ mit starken Elektronenpaardonoren, z. B. mit dem EPD-Lösungsmittel Wasser, unter Ionenbildung, aber nicht mit dem EPA-Lösungsmittel wasserfreie Schwefelsäure.

$$H_2O + HClO_4 \rightleftharpoons [H_3O]^+ + [ClO_4]^-$$
$$\text{EPD} \quad \text{EPA}$$

$$H_2SO_4 + HClO_4 \qquad \text{keine Ionisation}$$
$$\text{EPA} \quad \text{EPA}$$

Andererseits kann Triphenylcarbinol im starken Elektronenpaaracceptorlösungsmittel wasserfreie Schwefelsäure quantitativ ionisiert werden, nicht aber im EPD-Lösungsmittel Wasser:

$$Ph_3COH + H_2SO_4 \rightleftharpoons [Ph_3C]^+ + [HSO_4]^- + H_2O$$
$$\text{EPD} \qquad \text{EPA}$$

$$Ph_3COH + H_2O \qquad \text{keine Ionisation}$$
$$\text{EPD} \quad \text{EPD}$$

---

[10] DRIESSEN, W. L., und W. L. GROENEVELD: Rec. Trav. Chim. **87**, 786 (1968).
[11] DRIESSEN, W. L., und W. L. GROENEVELD: Rec. Trav. Chim. **88**, 620 (1969).
[12] GUTMANN, V.: Topics in Chem., im Druck.

In einem gegebenen Lösungsmittel kann der Gesamtvorgang der Bildung solvatisierter Ionen somit als das Resultat der Überlagerung von zwei Reaktionsschritten aufgefaßt werden (Abb. 23)[1-3, 7, 8]:

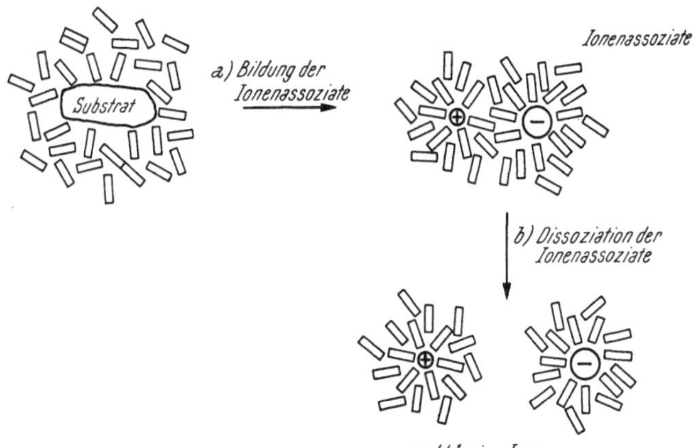

Abb. 23. Die gedankliche Zerlegung der Ionenbildung in Lösung in zwei Reaktionsschritte

a) Die Bildung von Ionenassoziaten in Lösung, eingeleitet durch EPD-EPA-Wechselwirkung.

Die Bildungskonstante der (solvatisierten) Ionenassoziate möge mit K_{Ion} wiedergegeben werden. K_{Ion} ist um so größer, je stärker die EPD-EPA-Wechselwirkung zwischen Komplexbildner, z. B. Lösungsmittel, und zu ionisierendem Substrat ist.

$$EPD + MX \rightleftharpoons [(EPD)M^+ \cdot X^-]^0$$

$$K_{Ion} = \frac{a_{[(EPD)M^+X^-]^0}}{a_{EPD} \cdot a_{MX}}$$

bzw.

$$MX + EPA \rightleftharpoons [M^+ \cdot (EPA)X^-]^0$$

$$K_{Ion} = \frac{a_{[M^+ \cdot (EPA)X^-]^0}}{a_{MX} \cdot a_{EPA}}$$

Die Bildungskonstanten von Ionenassoziaten sind bisher nicht bestimmt worden. In vielen Fällen wird es möglich sein, z. B. auf Grund der Ergebnisse von KMR-Messungen oder von IR-Untersuchungen, diese Gleichgewichtskonstanten zu ermitteln.

Die Betrachtung eines Born-Haber-Kreisprozesses (Abb. 24) zeigt, daß bei der Ionisation einer kovalenten Verbindung als Energiespender die Elektronenaffinität von X sowie die Ionensolvatationsenthalpie sowohl von Kation als auch von Anion auftritt.

Die Stabilisierung der Ionen setzt sich in einem *EPD-Lösungsmittel* aus dem *EPD-Effekt am Kation*[1-4] und dem (mitunter unbedeutenden) *EPA-Effekt am Anion*[3,12,13] zusammen, welcher im folgenden auch als *Solvatationseffekt am Anion* bezeichnet wird. In einem *EPA-Lösungsmittel* ist in erster Linie der *EPA-*

---

[13] MAYER, U., und V. GUTMANN: Mh. Chem. **101**, 912 (1970).

Effekt am Anion und erst in zweiter Linie der *EPD-Effekt am Kation*, welcher im folgenden auch als *Solvatationseffekt am Kation* bezeichnet wird, maßgeblich.

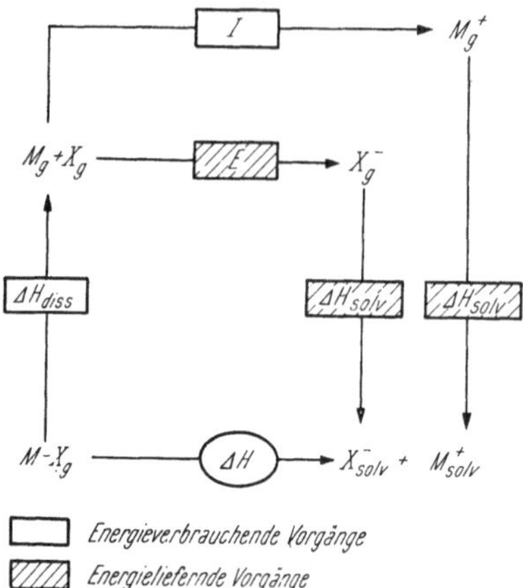

Abb. 24. Born-Haber-Kreisprozeß für die Ionisation einer kovalenten Bindung M—X in einem koordinierenden Lösungsmittel

b) Die Dissoziation der Ionenassoziate in Lösung zu unabhängigen Ionen als dielektrischer Effekt[3, 4, 7], entsprechend der elektrostatischen Theorie der elektrolytischen Dissoziation; die Gleichgewichtskonstante dieser Reaktion

$$[(EPD)M^+X^-]^0 \rightleftharpoons [(EPD)M]^+ + X^-$$

möge als Dissoziationskonstante der Ionenassoziate K_{Diss} bezeichnet werden.

$$K_{Diss} = \frac{a_{(EPD)M^+} \cdot a_{X^-}}{a_{[(EPD)M^+ \cdot X^-]^0}}$$

Ihr Kehrwert wird auch als Assoziationskonstante K_{Ass} bezeichnet.

$$K_{Ass} = \frac{1}{K_{Diss}}$$

Für die Reaktion

$$[M^+ \cdot (EPA)X^-]^0 \rightleftharpoons M^+ + [(EPA)X]^-$$

lautet die Dissoziationskonstante:

$$K_{Diss} = \frac{a_{M^+} \cdot a_{[(EPA)X]^-}}{a_{[M^+ \cdot (EPA)X^-]^0}}$$

Eine hohe Dielektrizitätskonstante gibt zu weitgehender Ionendissoziation Anlaß. Das bedeutet, daß die Konzentration der im Gleichgewicht mit nichtionisiertem Substrat vorliegenden Ionenassoziate vermindert und hiedurch das Bildungsgleichgewicht der Ionenassoziate gestört wird. Es kommt daher zur laufenden Nachbildung von Ionenassoziaten, und das Ausmaß der Ionisation wird auf diese Weise indirekt durch eine hohe Dielektrizitätskonstante vergrößert.

Die *Ionisierungsregel* lautet demnach: Das Ionisierungsvermögen eines Stoffes ist um so größer, je stärker seine EPD-Funktion gegenüber dem entstehenden Kation ist, je stärker seine EPA-Funktion gegenüber dem entstehenden Anion und je höher seine Dielektrizitätskonstante.

2. Der EPD-Effekt am Kation

Es ist auf Seite 54 gesagt worden, daß die Ionisation durch einen neutralen Elektronenpaardonor, z. B. ein EPD-Lösungsmittel, als Substitution des entstehenden Anions am entstehenden Kation aufgefaßt werden kann. Für die Gleichgewichtslage zwischen unionisiertem Substrat und Ionenassoziaten ist die Freie Enthalpie maßgebend. Diese kann unter Heranziehung von Hilfsgleichgewichten festgestellt werden. Einfacher, aber nicht immer zielführend, ist es — wie schon gesagt wurde — die Donizität heranzuziehen.

Die Ionisation einer kovalenten Bindung $M-X$ erfolgt um so leichter, je leichter polarisierbar und je schwächer sie ist: Daher erfolgt die Ionenbildung in einem gegebenen EPD-Lösungsmittel aus einem Jodid eines „harten" EPA, z. B. Jodwasserstoff, weitergehend als bei dem entsprechenden Fluorid, dem Fluorwasserstoff, dessen Bindungsenergie höher und dessen Polarisierbarkeit geringer ist (dennoch sagt man, der „Ionencharakter" der H-F-Bindung ist größer als derjenige der H-J-Bindung; hierauf kommen wir später zurück):

$$H_2O + H - J \rightleftharpoons [H_3O]^+ + J^- \qquad K > 1$$
$$H_2O + H - F \rightleftharpoons [H_3O]^+ + F^- \qquad K \approx 10^{-4}$$

Ebenso nimmt die Ionisation der Natriumhalogenide vom Fluorid zum Jodid zu. Die ersten freien Lösungsenthalpien ΔG_{eL}, berechnet aus den freien Hydratationsenthalpien ΔG_H und den freien Gitterenthalpien ΔG_G,

$$G_{eL} = \Delta G_H - \Delta G_G$$

nehmen in der Reihenfolge

$$NaF < NaCl < NaBr < NaJ$$

zu negativeren Werten zu (Abb. 25).

Bei den Halogeniden weicher Metallionen, z. B. Ag^+, sind die Verhältnisse umgekehrt: Im Wasser nimmt die Ionisation ab in der Reihenfolge

$$AgF > AgCl > AgBr > AgJ$$

Die Differenz der freien Hydratationsenthalpie und der freien Gitterenergie ist für Silberfluorid kleiner als für Silberjodid, und die ersten freien Lösungsenthalpien steigen in der Reihe

$$AgF < AgCl < AgBr < AgJ$$

zu stark positiven Werten an (Abb. 25). Stärkere Komplexbildner als Wasser, z. B. Ammoniak, erhöhen generell die Ionisation und damit die Löslichkeit, doch bleibt Silberjodid auch dann unter sonst vergleichbaren Bedingungen schwerer ionisierbar als Silberfluorid:

$$AgCl + (n + m) H_2O \rightleftharpoons [Ag(OH_2)_n]^+ + [Cl(H_2O)_m]^-$$
$$[Ag(OH_2)_n]^+ + 2 NH_3 \rightleftharpoons [Ag(NH_3)_2]^+ + n H_2O$$

Leitfähigkeitstitrationen des ionisierbaren Substrates mit einem neutralen Elektronenpaardonor in einem koordinationschemisch möglichst inerten Medium genügend hoher Dielektrizitätskonstante können zur Erfassung der durch EPD-EPA-Wechselwirkung eingeleiteten Ionisation herangezogen werden. Dies ist zulässig, weil bei gegebenen physikalischen Eigenschaften der Lösung die Aktivität der durch die Leitfähigkeitsmessung erfaßbaren frei beweglichen Ionen der

Gesamtmenge der (freien *und* assoziierten) Ionen proportional ist, sofern die Assoziationskonstanten

$$K_{Ass} = \frac{a_{[EPDM]^+} \cdot [X]^-}{a_{[EPDM]^+} \cdot a_{X^-}}$$

etwa gleich groß sind. Vernachlässigt man ferner den Beitrag zur Ionisation durch die Solvatation der Anionen, so ist die Leitfähigkeit ein direktes Maß für den EPD-Effekt am Kation[4].

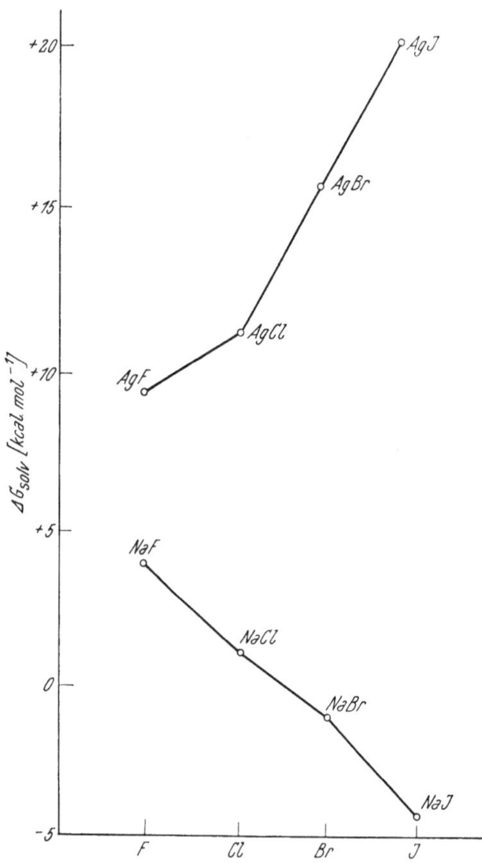

Abb. 25. Erste freie Lösungsenthalpien für Silberhalogenide und Natriumhalogenide in Wasser

Als geeignetes Medium erwiesen sich das schwach als EPD fungierende Nitromethan (DN = 2,7, $\varepsilon = 35$ bei 25° C) oder Nitrobenzol (DN = 4,4, $\varepsilon = 34,7$ bei 25° C). In ihnen bilden verschiedene kovalente Verbindungen wie Trimethylzinnjodid nichtleitende Lösungen. Wird eine Lösung von Trimethylzinnjodid in Nitrobenzol ($c \approx 7 \cdot 10^{-2}$) mit einem neutralen EPD, welcher stärker als Nitrobenzol ist, titriert, so wird die Lösung für den elektrischen Strom leitend. Und zwar ist die molare Leitfähigkeit bei gegebenem Molverhältnis EPD : $(CH_3)_3SnJ$ um so größer, je höher die Donizität des EPD ist.

Abb. 26 und 27 zeigen die Änderungen der Äquivalentleitfähigkeiten der Lösungen von Trimethylzinnjodid in Nitrobenzol durch Zusatz von neutralen

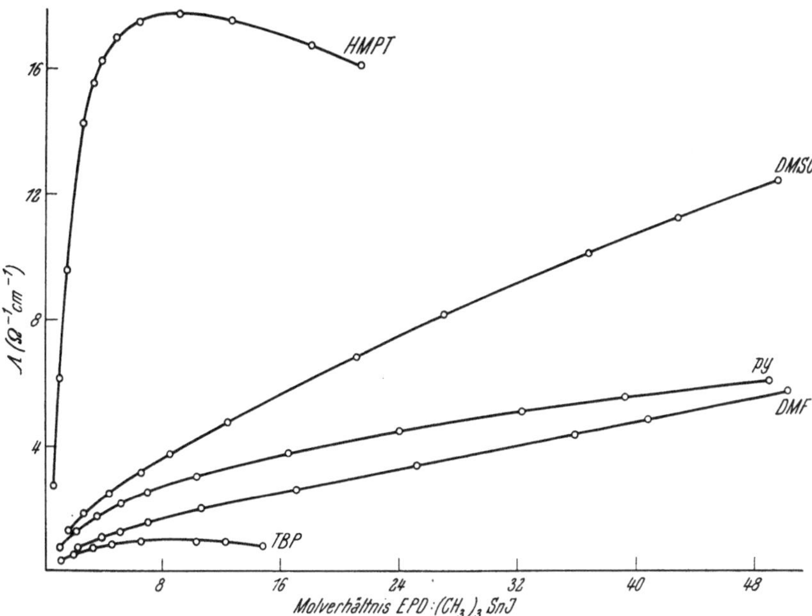

Abb. 26. Molare Leitfähigkeiten von Lösungen des $(CH_3)_3SnJ$ ($c \approx 7 \cdot 10^{-2}$ mol $\cdot$ l^{-1}) in Nitrobenzol in Abhängigkeit vom Zusatz starker EPD-Lösungsmittel bei 25° C

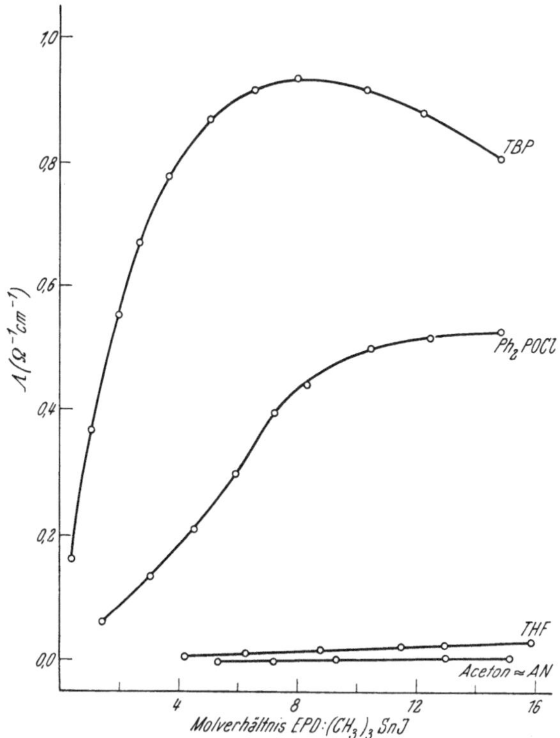

Abb. 27. Molare Leitfähigkeiten von Lösungen des $(CH_3)_3SnJ$ ($c \approx 7 \cdot 10^{-2}$ mol $\cdot$ l^{-1}) in Nitrobenzol in Abhängigkeit vom Zusatz mäßig starker EPD-Lösungsmittel bei 25° C

Elektronenpaardonoren. Leitfähigkeitsmessungen der Lösungen des Trimethylzinnjodids in den starken EPD-Lösungsmitteln Hexamethylphosphoroxitriamid,
Dimethylsulfoxid, Dimethylformamid und Pyridin haben gezeigt, daß die Assoziationskonstanten der Ionenpaare annähernd gleich groß sind und die Verbindung in diesen Lösungsmitteln als 1-1-Elektrolyt vollständig ionisiert vorliegt.
Daraus folgt, daß die bei gegebenem Molverhältnis verglichenen Äquivalentleitfähigkeiten in Nitrobenzol ein direktes Maß für das relative Ionisierungsvermögen
der EPD-Lösungsmittel darstellen, welches, wie Abb. 26 und Abb. 27 zeigen, in
der Reihe

$$NB < AN < Aceton < THF < PhPOCl_2 < TBP < DMF < py < DMSO < HMPT$$

zunimmt.

Zum Beweis des Vorliegens der Beziehung zwischen Donizität und Ionisierungsvermögen des EPD-Lösungsmittels für Lösungen des Trimethylzinnjodids müssen
auch die EPD-Stärken der Lösungsmittel gegenüber Trimethylzinnjodid der Donizität proportional sein. Die thermochemischen Daten sind nicht zugänglich, doch
liegen quantitative Angaben über die $\Delta H_{EPD \cdot EPA}$-Werte für die Adduktbildung
von Trimethylzinnchlorid mit den untersuchten EPD-Lösungsmitteln vor. Da
zu erwarten ist, daß für Trimethylzinnchlorid und Trimethylzinnjodid die betreffenden Adduktbildungsenthalpien einander proportional sind, scheint die Beziehung zwischen Donizität und Ionisierungsvermögen eines EPD gegenüber
Trimethylzinnjodid festzustehen.

Diese Beziehung ist dann annähernd erfüllt, wenn die EPD-Funktion des
Neutraldonors für die Ionisation entscheidend ist, wenn also der EPA-Effekt am
entstehenden Anion gering ist und wenn die EPD-EPA-Wechselwirkung das Ausmaß des durch sie induzierten Elektronenschubs bestimmt.

Die Ionisation von Jodiden erfolgt relativ leicht. Hingegen ist die Ionisation der
entsprechenden Chloride oder Fluoride unter analogen Bedingungen schwieriger,
wie das folgende Beispiel zeigt:

Silicium(IV)-fluorid bildet mit starken Elektronenpaardonoren (wie Ammoniak
oder Pyridin) Addukte der Zusammensetzung $SiF_4 \cdot (EPD)_2$, welche auch in
Medien hoher Dielektrizitätskonstante molekulardispers und nicht ionisiert vor-
liegen. Die auf Grund kryoskopischer Befunde in Nitrobenzol angenommene
Dissoziation von $SiCl_4py_2$[14] ist ebensowenig gesichert wie die Leitfähigkeiten der
Alkylchlorsilane mit 2,2'-Dipyridyl in Acetonitril[15,16].

Hingegen werden Si-J-Bindungen durch nucleophilen Angriff starker Elektronenpaardonoren am Silicium ionisiert. WANNAGAT[17,18] sowie SCHNELL[19] haben
schon vermutet, daß die Verbindung SiJ_4py_4 aus Ionen besteht, was später entsprechend der Formulierung

[14] BEATTIE, I. R., und G. J. LEIGH: J. Inorg. Nucl. Chem. **23**, 55 (1961).
[15] TANAKA, T., G. MATSUBAYASHI, A. SHIMIZU und S. MATSUO: Inorg. Chim. Acta **3**, 187
(1969).
[16] BEATTIE, I. R., P. J. JONES und M. WEBSTER: J. Chem. Soc. (A) **1968**, 218.
[17] WANNAGAT, U., und R. SCHWARZ: Z. anorg. allg. Chem. **277**, 73 (1954).
[18] WANNAGAT, U., und F. VIELBERG: Z. anorg. allg. Chem. **291**, 310 (1957).
[19] SCHNELL, E.: Mh. Chem. **92**, 1055 (1961).

$$[py_4SiJ_2]^{2+} + 2\,J^-$$

sichergestellt wurde[20, 21].

Es wäre zweckmäßig, auch den Anionen (als Konkurrenzliganden) eine Donizität zuzuordnen. Diese ist jedoch, wie im folgenden gezeigt wird, einerseits von der Natur des EPA und andererseits von der Solvatation des Anions abhängig, so daß es zweckmäßig erscheint, zunächst die Solvatation am Anion durch ein vorwiegend als EPD fungierendes Lösungsmittel zu untersuchen.

In einem vorwiegend als EPA fungierenden Lösungsmittel tritt der EPD-Effekt am Kation gegenüber dem im folgenden besprochenen EPA-Effekt am Anion um so stärker zurück, je größer letzterer ist und je weniger das Lösungsmittel die EPD-Funktion entwickeln kann.

In flüssigem Fluorwasserstoff ist der EPD-Effekt am Kation viel geringer als in Wasser, und der EPA-Effekt am Anion tritt stärker hervor. Ein $[H_2F]^+$-Ion ist nicht bekannt, wohl aber ein $[HF_2]^-$-Ion. Flüssiger Fluorwasserstoff ist demnach ein ausgezeichnetes Lösungsmittel zur Herstellung komplexer Fluoride[5].

3. Der EPA-Effekt am Anion

Der nucleophile Angriff kann naturgemäß nicht nur durch neutrale EPD-Moleküle, sondern auch durch Anionen, z. B. Halogenid- oder Pseudohalogenidionen, erfolgen. In einem EPD-Lösungsmittel treten diese mit den Lösungsmittelmolekülen in Konkurrenz, und sie werden daher in Relation zum Lösungsmittel auch als Konkurrenzliganden bezeichnet.

Der Versuch, einem Anion (wie Halogenid- oder Pseudohalogenidion) eine der Donizität entsprechende Kenngröße zuzuordnen, stößt prinzipiell auf Schwierig-

Tabelle 10. *Freie Standard-Reaktionsenthalpien* $\Delta G^0_{(VO)}$ *für die Reaktion* $VO(acac)_2AN + EPD \rightleftharpoons VO(acac)_2EPD + AN$ *in* AN (acac = Acetylacetonat)

EPD	DN	$\Delta G^0_{(VO)}$
J^-		2,00
PDC	15,1	+1,75
Aceton	17,0	+1,30
Br^-		+0,65
TMP	23,0	−0,24
DMF	26,6	−0,63
Cl^-		−0,83
DMSO	29,8	−1,14
Ph_3PO	32,5	−2,11
py	33,1	−2,47
HMPT	38,8	−2,50
F^-		−2,69
NCS^-		−2,69
CN^-		−4,20
N_3^-		−4,20

[20] MUETTERTIES, E. L.: J. Inorg. Nucl. Chem. **15**, 182 (1960).

[21] BEATTIE, I. R., T. GIBSON, M. WEBSTER und G. P. McQUILLAN: J. Chem. Soc. **1964**, 238.

keiten, weil die Messung unter den der Gasphase ähnlichen Bedingungen nicht möglich ist und weil die Natur des EPA ebenfalls die EPD-Eigenschaften beeinflußt[22].

Aus Tab. 10 und Abb. 28 ist ersichtlich, daß gegenüber Vanadylacetylacetonat das Jodidion ein etwas schwächerer Ligand ist als Propandiolcarbonat, das Bromidion etwa zwischen Trimethylphosphat und Aceton und das Chloridion zwischen

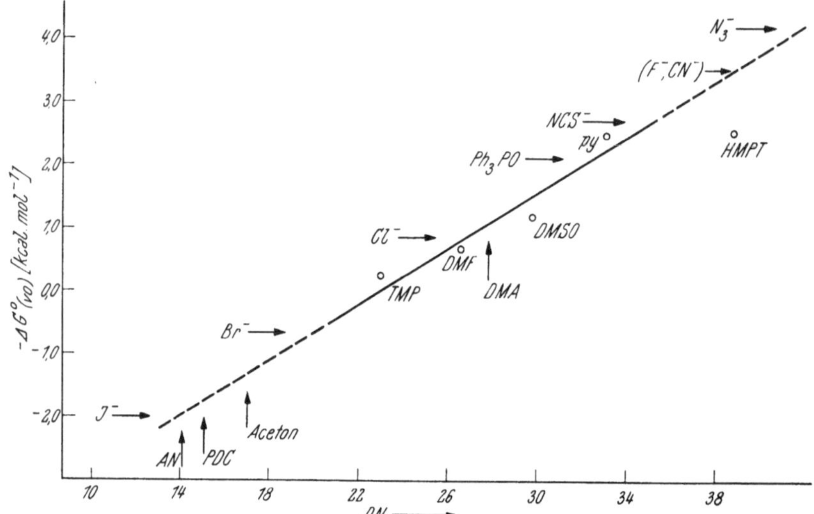

Abb. 28. Freie Standardreaktionsenthalpien $-\Delta G^\circ_{(VO)}$ für die Reaktion
$$VO(acac)_2 AN + EPD \rightleftharpoons VO(acac)EPD + AN$$
in Acetonitril in Beziehung zur Donizität des EPD

Dimethylformamid und Dimethylsulfoxid steht[22]; ferner ist zu erkennen, daß das Fluoridion und das Rhodanidion gegenüber Vanadylacetylacetonat etwa gleich stark, und zwar stärker als EPD-Liganden, fungieren als die untersuchten neutralen EPD-Moleküle, und ferner, daß ihre EPD-Funktionen gegenüber $VO(acac)_2$ geringer sind als diejenigen des Azidions und des Cyanidions[22].

Bei der Betrachtung der Ligandentauschreaktion

$$[VO(acac)_2(DMSO)] + X^- \rightleftharpoons [VO(acac)_2 X]^- + DMSO$$

in Acetonitril ist zu berücksichtigen, daß sowohl die Anionen X^- als auch die Dimethylsulfoxidmoleküle solvatisiert sind[22]. Da das Anion stärker solvatisiert ist als die (neutralen) Solvensmoleküle, ist die relative EPD-Stärke des (gasförmigen) Anions durch die stärkere Solvatation (EPA-Effekt der neutralen Solvensmoleküle) im Vergleich zu derjenigen des (gasförmigen) neutralen EPD-Moleküls erniedrigt, so daß z. B. die Umwandlung des Dimethylsulfoxidkomplexes in den Chlorokomplex in Acetonitril unvollständiger ist als in der Gasphase[13]. Man kann auch sagen, die EPD-Funktion des Chloridions ist in Acetonitril schwächer als in der Gasphase.

Für einige Anionenliganden sind die Unterschiede der freien Solvatationsenthalpien in einem EPD-Lösungsmittel und in Acetonitril in Tab. 11 angegeben. Dar-

[22] GUTMANN, V., und U. MAYER: Mh. Chem. **99**, 1383 (1968).

aus ist zu ersehen, daß sich die einzelnen EPD-Lösungsmittel im Solvatationsvermögen für Anionen beträchtlich unterscheiden. Von den aprotischen Lösungsmitteln solvatisiert der starke Elektronenpaardonor Hexamethylphosphoroxitriamid die Anionen am schwächsten, während der ebenfalls ziemlich starke Elektronenpaardonor Dimethylsulfoxid die Anionen wesentlich stärker solvatisiert.

Für das Chloridion beträgt beispielsweise der Unterschied der freien Solvatationsenthalpien in Hexamethylphosphoroxitriamid und Dimethylsulfoxid über 4 kcal/mol, so daß die effektive EPD-Stärke des Chloridions in Hexamethylphosphoroxitriamid gegenüber derjenigen in Dimethylsulfoxid stark erhöht erscheint. Dementsprechend sind die genannten Lösungsmittel etwa gleich stark ionisierend, da die höhere Donizität des Hexamethylphosphoroxitriamids etwa ausgeglichen wird durch den wesentlich höheren Solvatationseffekt des Dimethylsulfoxids am Anion.

Tabelle 11. *Differenz $\Delta G^0_{(EPD)}$-$\Delta G^0_{(AN)}$ [kcal/mol] der freien Solvatationsenthalpien von Liganden X⁻ im EPD-Solvens, bezogen auf AN*

EPD \ X⁻	J^-	Br^-	Cl^-	NCS^-	N_3^-
NM	0,3	—	−1,9	−0,3	−0,1
AN	0	0	0	0	0
TMS	—	—	−0,6	—	−0,1
H_2O	−5,3	−8,6	−12,0	−5,2	−8,9
CH_3OH	−3,3	−5,7	−8,6	−3,5	−6,4
DMF	0,3	1,0	0,3	0,1	0,3
DMA	0,9	2,4	2,1	0,8	2,1
DMSO	−1,5	−0,8	−1,0	−1,6	−1,6
HMPT	—	4,0	3,5	1,1	3,4

Wasser nimmt gegenüber allen aprotischen EPD-Lösungsmitteln eine Sonderstellung ein; die freien Solvatationsenthalpien von Halogenid- und Pseudohalogenidionen sind um rund 4 bis 15 kcal/mol negativer als in aprotischen EPD-Lösungsmitteln. Das Ionisierungsvermögen des Wassers ist demnach bedeutend stärker, als auf Grund seiner Donizität zu erwarten wäre.

Tabelle 12. *ΔG^0, ΔH^0 und ΔS^0 für die Solvatation von Halogenidionen in DMSO und in Wasser*[13]

	Solvens	J^-	Br^-	Cl^-
ΔG^0 [kcal · mol⁻¹]	DMSO	−47,5	−52,6	−56,4
	H_2O	−51,3	−60,4	−67,4
ΔH^0 [kcal · mol⁻¹]	DMSO	−56,8	−63,4	−67,9
	H_2O	−54,3	−64,7	−72,8
ΔS^0 [cal · grad⁻¹ mol⁻¹]	DMSO	−31,4	−36,1	−38,4
	H_2O	−10,1	−14,4	−18,2

Tab. 12 zeigt, daß die Solvatationsentropien in Wasser wesentlich kleiner sind als in Dimethylsulfoxid, welches im Vergleich zu Wasser eine wesentlich schwächer ausgeprägte Flüssigkeitsstruktur besitzt.

Protonenhaltige Lösungsmittel, wie Methanol, Äthanol, Essigsäure, nehmen hinsichtlich ihres Solvatationsvermögens für Anionen eine Mittelstellung zwischen Wasser und aprotischen Donorlösungsmitteln ein: Methanol solvatisiert schwächer als Wasser, aber stärker als Acetonitril. Beispielsweise wird Kobalt(II)-bromid im stärker solvatisierenden Wasser vollständig unter Bildung hydratisierter Kobalt-(II)-ionen ionisiert, während in Methanol tetraedrische Spezies der Zusammensetzung $CoBr_2(CH_3OH)_2$ vorliegen[23].

Die Reihung der untersuchten Lösungsmittel betreffs ihrer solvatisierenden (EPA-)Eigenschaften gegenüber Anionen lautet:

$$H_2O > ROH \gg DMSO \approx ES > AN \approx TMS \approx NM \approx DMF > DMA > HMPT$$

Zur *Beurteilung der ionisierenden Eigenschaften eines EPD-Lösungsmittels* muß nicht nur der EPD-Effekt am entstehenden Kation, sondern auch der EPA-Effekt am entstehenden Anion in Betracht gezogen werden. Je stärker letzterer, also das Solvatationsvermögen gegenüber Anionen, um so weniger kann die Donizität allein zur Beurteilung des Ionisierungsvermögens herangezogen werden.

Das Wasser unterliegt bekanntlich im reinen, flüssigen Zustand in geringem Maße einer *Eigenionisation*. Diese kann nur dann zustandekommen, wenn die Lösungsmittelmoleküle zur Entwicklung sowohl der EPD- als auch der EPA-Funktion befähigt sind.

Durch nucleophilen Angriff eines Wassermoleküls an einem Wasserstoffatom eines anderen Wassermoleküls, das als EPA fungiert, kommt es zur Errichtung einer Wasserstoffbrückenbindung. Dadurch erleidet die H-O-Bindung des nucleophil angegriffenen Wassermoleküls eine Polarisation und damit eine Schwächung.

$$\underset{\text{EPD}}{\overset{H}{\underset{H}{>}}O} + \underset{\text{EPA}}{\overset{H}{\underset{O}{>}}H} \rightarrow \underset{\text{ED}}{\overset{H}{\underset{H}{>}}O} \rightarrow \underset{\text{EA}}{\overset{H}{\underset{O}{>}}H}$$

Bei genügend hoher Polarisation kommt es zur heterolytischen Spaltung der H-O-Bindung und damit zur Ionisation, welche somit auf einen Protonenübergang zwischen zwei Wassermolekülen zurückgeführt werden kann.

$$\overset{H}{\underset{H}{>}}O \rightarrow H\underset{O}{>}H \rightarrow \left[\overset{H}{\underset{H}{>}}O-H\right]^+ + OH^-$$

Das Ausmaß der Eigenionisation in einem Lösungsmittel hängt von der Stärke der Wasserstoffbrückenbindungen ab. Die F-H-F-Bindung ist stärker als die O-H-O-Bindung und dementsprechend ist das Ionenprodukt des wasserfreien flüssigen Fluorwasserstoffes ($K \approx 10^{-12}$), dessen Dielektrizitätskonstante derjenigen des Wassers etwa entspricht, größer als dasjenige des flüssigen Wassers ($K \approx 10^{-14}$). Andererseits ist entsprechend der geringeren Bindungsstärke der N-H-N-Bindung, und der kleinen Dielektrizitätskonstante das Ausmaß der Eigenionisation im flüssigen Ammoniak ($K \approx 10^{-33}$) erheblich geringer als in Wasser.

Die Eigenionisation eines Lösungsmittels tritt um so weniger in Erscheinung, je geringer die EPD-EPA-Wechselwirkung zwischen den Lösungsmittelmolekülen ist; sie ist z. B. in Acetonitril oder in Dimethylsulfoxid kaum vorhanden.

---

[23] WERTZ, D. J., und R. F. KRUH: Inorg. Chem. **9**, 595 (1970).

Die Assoziation im verflüssigten, wasserfreien Fluorwasserstoff kann entweder mit Hilfe von Wasserstoffbrückenbindungen oder mit Hilfe von Fluoridbrückenbindungen beschrieben werden[24]:

$$\text{H}\diagup\!\!\overset{\text{F}}{}\!\!\diagdown\text{H}\diagdown_{\text{F}}\diagup\text{H}\diagup\!\!\overset{\text{F}}{}\!\!\diagdown\text{H}\diagdown_{\text{F}}$$

In flüssigem Brom(III)-fluorid scheinen Fluoridbrücken für die Assoziation verantwortlich zu sein[5]. Die Eigenionisation erfolgt dadurch, daß ein als EPD fungierendes Brom(III)-fluorid-Molekül (oder Assoziat) mit einem als EPA fungierenden unter Errichtung einer Fluoridbrücke reagieren kann[5], so daß die benachbarten Br-F-Bindungen polarisiert werden:

$$\underset{\overset{|}{\text{F}}}{\overset{\overset{\text{F}}{|}}{\text{Br}-\text{F}}} + \underset{\overset{|}{\text{F}}}{\overset{\overset{\text{F}}{|}}{\text{Br}-\text{F}}} \;\rightleftharpoons\; \underset{\overset{|}{\text{F}}}{\overset{\overset{\text{F}}{|}}{\text{Br}-\text{F}}} \;\rightarrow\; \underset{\overset{|}{\text{F}}}{\overset{\overset{\text{F}}{|}}{\text{Br}-\text{F}}} \;\rightleftharpoons$$

$$\rightleftharpoons \left[\,\underset{\overset{|}{\text{F}}}{\overset{\overset{\text{F}}{|}}{\text{Br}}}\,\right]^{+} + \left[\,\underset{\overset{|}{\text{F}}}{\overset{\overset{\text{F}}{|}}{\text{F}-\text{Br}-\text{F}}}\,\right]^{-}$$

In analoger Weise kann die Eigenionisation in reinem, flüssigem Jod(I)-bromid[25]

$$\text{JBr} + \text{JBr} \;\rightleftharpoons\; \text{J}-\text{Br} \;\rightarrow\; \text{J}-\text{Br} \;\rightleftharpoons\; \text{J}^{+} + [\text{JBr}_2]^{-}$$

Jod(I)-chlorid[26], Arsen(III)-chlorid[27]

$$\underset{\overset{|}{\text{Cl}}}{\overset{\overset{\text{Cl}}{|}}{\text{As}-\text{Cl}}} + \underset{\overset{|}{\text{Cl}}}{\overset{\overset{\text{Cl}}{|}}{\text{As}-\text{Cl}}} \;\rightleftharpoons\; \underset{\overset{|}{\text{Cl}}}{\overset{\overset{\text{Cl}}{|}}{\text{As}-\text{Cl}}} \;\rightarrow\; \underset{\overset{|}{\text{Cl}}}{\overset{\overset{\text{Cl}}{|}}{\text{As}-\text{Cl}}} \;\rightleftharpoons\; [\text{AsCl}_2]^{+} + [\text{AsCl}_4]^{-}$$

Antimon(III)chlorid[28] oder Quecksilber(II)-bromid[29] formuliert werden.

Die Eigenionisation kann in den vorwiegend als EPA fungierenden Halogeniden auch in Termen der Ionotropie[30] wiedergegeben werden.

4. Der dielektrisch bedingte Anteil der Ionisation

Unabhängig davon, auf welche Weise die Ionenassoziate entstanden bzw. stabilisiert sind, ist die Bildung frei beweglicher Ionen, also die Dissoziation der

[24] GUTMANN, V.: Svensk Kem. Tidskr. **68**, 1 (1955).
[25] GUTMANN, V.: Mh. Chem. **82**, 156 (1951).
[26] GUTMANN, V.: Z. anorg. allg. Chem. **264**, 165 (1951).
[27] GUTMANN, V.: Z. anorg. allg. Chem. **266**, 331 (1951).
[28] JANDER, G., und K. H. SWART: Z. anorg. allg. Chem. **299**, 252 (1959).
[29] JANDER, G., und K. BRODERSEN: Z. anorg. allg. Chem. **261**, 261 (1950).
[30] GUTMANN, V., und I. LINDQVIST: Z. physik. Chem. **203**, 250 (1954).

Ionenassoziate, um so weitergehend, je größer die Dielektrizitätskonstante der Lösung ist.

Als quantitatives Maß für die Beschreibung der dielektrischen Eigenschaften aprotischer EPD-Lösungsmittel können die in ihren Lösungen bestimmten Dissoziationskonstanten K_{Diss} für quartäre Ammoniumsalze herangezogen werden. In einem Medium mit der Dielektrizitätskonstante ε von 10 ist die Dissoziationskonstante von Ionenpaaren $K_{Diss} \approx 10^{-4}$, und bei einer Dielektrizitätskonstante von 35 beträgt $K_{Diss} \approx 10^{-2}$.

Durch die Einstellung des Dissoziationsgleichgewichtes nimmt nämlich die Konzentration der Ionenassoziate ab, welche nun entsprechend der Bildungskonstante K_{Ion} der Ionenassoziate nachgebildet werden. Durch diese Störung des Ionisationsgleichgewichtes zufolge der Dissoziation der Ionenpaare wird die Bildung der Ionenassoziate mit zunehmender Dielektrizitätskonstante des Mediums gefördert; es werden mehr Ionen gebildet als in einem Medium geringer Dielektrizitätskonstante.

Zur Beurteilung des Ionisierungsvermögens eines Lösungsmittels ist daher sowohl die Kenntnis seiner EPD-EPA-Eigenschaften als auch diejenige seiner Dielektrizitätskonstante erforderlich[3, 4].

Zur Illustration seien drei verschiedene Lösungsmittel, EPD_1, EPD_2 und EPD_3, angenommen, von denen je zwei (EPD_1 und EPD_3) die gleiche Dielektrizitätskonstante und je zwei (EPD_1 und EPD_2) etwa die gleichen EPD-Eigenschaften gegenüber einem gegebenen Substrat besitzen. Die Rechnung ergibt für das Ausmaß der Ionisation — also für die Summe der freien und der in Form von Ionenassoziaten vorhandenen Ionen — in ihren Lösungen die in Tab. 13 angegebenen Werte[3, 4].

Tabelle 13. *Ausmaß der Ionisation einer Verbindung* M—X *bei* c $\approx 10^{-2}$ mol/l *unter willkürlich angenommenen Bedingungen*

Solvens	ε	Angenommene K_{Diss}	Angenommene K_{Ion}	% ionisiert
EPD_1	10	10^{-4}	1	53
EPD_2	35	10^{-2}	1	75
EPD_3	10	10^{-4}	3	77

Es sind also im Lösungsmittel kleinerer Dielektrizitätskonstante, aber größerer EPD-Eigenschaften (EPD_3) mehr Ionen (zum überwiegenden Teil in Form von Ionenassoziaten) vorhanden als im Lösungsmittel höherer Dielektrizitätskonstante, aber geringerer EPD-Eigenschaften (EPD_2).

Daher lassen die Dissoziationskonstanten von Säure und Basen einen Vergleich ihrer Säure- bzw. Basenstärke *nur im gleichen Lösungsmittel* zu. Obwohl Ammoniak als stärkerer EPD fungiert als Wasser, ist die Säurekonstante des Chlorwasserstoffes in flüssigem Ammoniak ($\varepsilon = 33$) bedeutend kleiner ($K_S \approx 10^{-4}$) als in Wasser ($K_S \gg 1$). Dies ist dadurch bedingt, daß in beiden Lösungsmitteln die Ionisationskonstanten K_{Ion} etwa gleich groß sind, während K_{Diss} in flüssigem Ammoniak bedeutend kleiner ist als in Wasser.

Hingegen ist die Dissoziationskonstante der Essigsäure in Wasser ($K_S \approx 10^{-5}$) kleiner als in flüssigem Ammoniak ($K_S \approx 10^{-4}$). Dies beruht darauf, daß die

Ionisationskonstante der Essigsäure in flüssigem Ammoniak bedeutend größer ist als in Wasser; Essigsäure ist in Ammoniak praktisch ebenso vollkommen ionisiert wie Chlorwasserstoff, so daß der Effekt der geringeren Dielektrizitätskonstante des flüssigen Ammoniaks überkompensiert wird.

Der Vergleich von Dissoziationskonstanten verschiedener Stoffe in *einem* Lösungsmittel ist statthaft, hingegen der Vergleich von Dissoziationskonstanten ein und desselben Stoffes in verschiedenen Lösungsmitteln sinnlos.

5. Beispiele

a) Organische Verbindungen

In der organischen Chemie verlaufen zahlreiche Reaktionen über Ionen, deren intermediäre Bildung sich häufig nur aus reaktionskinetischen Befunden erschließen läßt. Vielfach fungieren Amine, Amidionen, Alkoxogruppen oder Halogenidionen als Elektronenpaardonoren[31-33], z. B. bei den Reaktionen:

$$R_3N + RBr \rightleftharpoons [R_4N]^+Br^-$$
$$[C_6H_5NH]^- + F_2C = CF_2 \rightleftharpoons [C_6H_5NH - CF_2 - CF_2]^-$$
$$[RO]^- + F_2C = CF_2 \rightleftharpoons [RO - CF_2 - CF_2]^-$$
$$F^- + CF_2 = CF - CF_3 \rightleftharpoons [CF_3 - CF - CF_3]^-$$

Am tetrakoordinierten C-Atom ist ein Angriff eines EPD unter Bildung eines komplexen Kations schwierig. Für das vor kurzem beschriebene Pentachlorocarbonation[34]

$$CCl_4 + Cl^- \rightleftharpoons [CCl_5]^-$$

wurde als mögliche Struktur

$$\left[\begin{array}{c} Cl \\ | \\ Cl-C-Cl-Cl \\ | \\ Cl \end{array}\right]^-$$

vorgeschlagen[34].

Der Angriff der Azidogruppe ist ebenfalls möglich[35]:

$$CCl_4 + 3\,Cl_4SbN_3 \rightleftharpoons [C(N_3)_3]^+ [SbCl_6]^- + 2\,SbCl_5$$

Die Ionisation von Methyljodid durch Elektronenpaardonoren ist nicht nachgewiesen, jedoch diejenige von Triphenylchlormethan. Dieses ist in den meisten EPD-Lösungsmitteln, z. B. Wasser oder Acetonitril, molekular gelöst und wird erst durch Zusatz von Elektronenpaaracceptoren ionisiert. Das Verhalten des Triphenylchlormethans in Acetonitril bei Zusatz verschiedener Elektronenpaaracceptoren wird durch die EPA-Stärke des letzteren bestimmt. Tri- und Pentahalogenide ohne freies Elektronenpaar erweisen sich gegenüber Chloridionen als

[31] CHAMBERS, R. D., und R. H. MOBBS: In „Advances in Fluorine Chemistry" Vol. 4, Ed. M. STACEY, J. C. TATLOW und A. G. SHARPE, Butterworth, London, 1965, S. 50.
[32] MILLER, W. F., J. H. FRIED und H. J. GOLDWHITE, J. Am. Chem. Soc. **82**, 3091 (1960).
[33] GRAHAM, D. P., V. WEINMEYER und W. B. McCORMACK: J. org. Chem. **31**, 955 (1966).
[34] DANIEL, D. H., und R. M. DEITERS: J. Am. Chem. Soc. **88**, 2607 (1966).
[35] MÜLLER, U., und R. DEHNICKE: Angew. Chem. **78**, 825 (1966).

starke Elektronenpaaracceptoren, Di- und Tetrahalogenide ohne freies Elektronenpaar als wesentlich schwächere (Abb. 29).

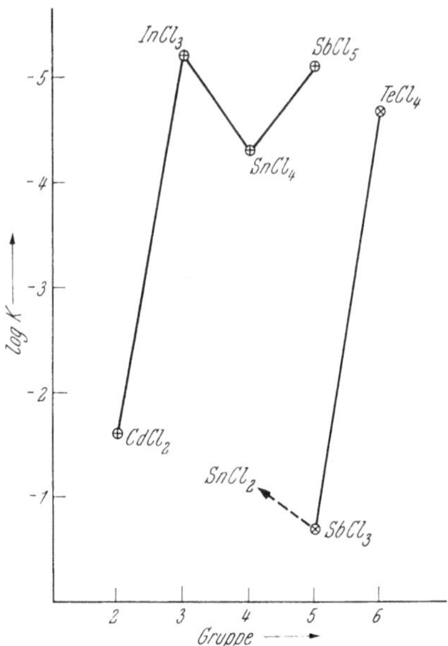

Abb. 29. Vergleich der EPA-Eigenschaften der Chloride MCl_n der fünften Periode des PSE mit freiem und ohne freies Elektronenpaar bei der Reaktion
$$Ph_3Cl + MCl_n \rightleftharpoons [Ph_3C]^+[MCl_{n+1}]^-$$

Enthält ein Halogenid ein freies Elektronenpaar, so kann dieses als Pseudoligand in Abhängigkeit von der Zahl der übrigen Liganden entweder erhöhend oder erniedrigend auf das Acceptorverhalten wirken. Ein Pseudotetrachlorid ist ein schwächerer Acceptor als ein Trichlorid ohne freies Elektronenpaar und ein Pseudopentachlorid ein stärkerer als ein Tetrachlorid ohne freies Elektronenpaar (Ligandeneffekt). Darüber hinaus übt es in allen Fällen einen affinitätsvermindernden Einfluß aus. Im Falle des $SbCl_3$, welches als Pseudotetrachlorid aufgefaßt wird, üben beide Effekte einen die Acceptoreigenschaften vermindernden Einfluß aus, während bei $TeCl_4$, einem Pseudopentachlorid, die beiden Effekte in entgegengesetzter Richtung wirksam sind.

Unabhängig von der Natur des EPA und des Lösungsmittels entsteht das $[Ph_3C]^+$-Ion in derselben nichtsolvatisierten Form[36]. Dabei bilden Di-, Tri- und Pentachloride unter Koordination eines Chloridions einkernige und Tetrachloride entweder unter Koordination eines Chloridions zweikernige Komplexe oder unter Koordination von zwei Chloridionen je EPA-Molekül einkernige Anionenkomplexe.

Die Bildungskonstanten der Chlorokomplexe hängen sowohl von der Natur des EPA als auch vom Lösungsmittel ab. Wie Tab. 14 zeigt, sind die Bildungskonstanten erwartungsgemäß in Acetonitril (DN = 14,1) größer als in Phenylphosphoroxidichlorid (DN = 18,5)[37].

---

[36] BAAZ, M., V. GUTMANN und O. KUNZE: Mh. Chem. **93**, 1142 (1962).
[37] BAAZ, M., V. GUTMANN und O. KUNZE: Mh. Chem. **93**, 1162 (1962).

Tabelle 14. log K-*Werte der* $[Ph_3C][MCl_{(n+1)}]$-*Komplexe in* AN *und* $PhPOCl_2$

Acceptor-chlorid	Chloro-komplex	log K	
		in AN	in PhPOCl₂
$ZnCl_2$	$[ZnCl_3]^-$	1,84	0,72
$HgCl_2$	$[HgCl_3]^-$	1,64	−0,7
BCl_3	$[BCl_4]^-$	1,32	1,03
$AlCl_3$	$[AlCl_4]^-$	1,75	−0,72
$SbCl_3$	$[SbCl_4]^-$	0,70	−1,60
$SnCl_4$	$[SnCl_5]^-$	4,30	1,19
$TiCl_4$	$[TiCl_5]^-$	1,89	0,72
PCl_5	$[PCl_6]^-$	0,5	−2,50
$SbCl_5$	$[SbCl_6]^-$	5,1	1,56

In Abwesenheit eines „inerten" Mediums erfolgt die Ionisation des Triphenyl-chlormethans in EPA-Lösungsmitteln, z. B.

$$Ph_3CCl + HCl \rightleftharpoons [Ph_3C]^+[HCl_2]^-$$
$$Ph_3CCl + AsCl_3 \rightleftharpoons [Ph_3C]^+[AsCl_4]^-$$
$$\text{EPD} \quad \text{EPA}$$

und zwar um so weitergehend, je stärker das Solvens als EPA fungiert und je größer seine Dielektrizitätskonstante ist. Triphenylchlormethan ist in wasser-freier Schwefelsäure praktisch vollständig ionisiert und dissoziiert.

In konzentrierten Lösungen von Tritylchlorid in Nitroalkanen[38], Aromaten[39] und chlorierten Alkanen[40] wurde das Triphenylcarboniumion festgestellt. POCKER[41] hat jedoch gezeigt, daß beim Lösen von Triphenylchlormethan in Nitro-methan Chlorwasserstoff (also ein EPA) gebildet wird; dieser soll auch die Bildung des Triphenylcarboniumions beim Lösen von Triphenylchlormethan im symme-trischen Tetrachloräthan bedingen[42].

In der organischen Chemie tritt Ionisation durch elektrophilen Angriff eines Acceptors auch bei Friedel-Crafts-Reaktionen ein

$$RCOCl + AlCl_3 \rightleftharpoons [RCO][AlCl_4]^-$$

oder bei der Ionenbildung aus gechlorten cyklischen Kohlenwasserstoffen[43, 44] wie

$$\begin{matrix} Cl-C \\ \quad \| \quad \diagdown CCl_2 + FeCl_3 \rightleftharpoons \\ Cl-C \diagup \end{matrix} \left[\begin{matrix} Cl-C \\ \quad \diagdown \\ \quad | \quad C-Cl \\ Cl-C \diagup \end{matrix} \right]^+ [FeCl_4]^-$$

Andererseits können Tritylhalogenide auch durch starke EPD-Moleküle ioni-siert werden, wobei durch die Koordination der letzteren am C-Atom das ent-stehende Kation tetrakoordiniert und daher farblos ist:

$$Ph_3CX + EPD \rightleftharpoons [Ph_3C(EPD)]^+X^-$$

[38] BENTLEY, A., A. G. EVANS und J. HALPERN: Trans. Farad. Soc. **47**, 711 (1951).
[39] EVANS, A. G., A. PRICE und J. H. THOMAS: Trans. Farad. Soc. **50**, 568 (1954).
[40] EVANS, A. G., A. PRICE und J. H. THOMAS: Trans. Farad. Soc. **52**, 332 (1956).
[41] POCKER, Y.: J. Chem. Soc. **1958**, 240.
[42] BODFORSS, S., und S. AHRLAND: Acta Chem. Scand. **5**, 227 (1951).
[43] WEST, R., A. SADO und S. W. TOBY: J. Am. Chem. Soc. **88**, 2488 (1966).
[44] WEST, R.: Accounts Chem. Res. **3**, 130 (1970).

Leitfähigkeitstitrationen der Systeme Ph_3CX-EPD in Nitrobenzol[45] zeigen, daß unter vergleichbaren Bedingungen Triphenylchlormethan weniger ionisiert ist als Triphenylbrommethan. Bei gegebenem Molverhältnis EPD : Ph_3CX nehmen die Leitfähigkeiten für Ph_3CCl in der Reihenfolge

$$AN < TBP < DMF < DMSO < N(CH_3)_3 < py$$

und für Ph_3CBr gemäß

$$AN < TBP < DMF < DMSO < HMPT < py$$

zu, folgen also etwa den Donizitäten der neutralen Elektronenpaardonoren[43] (Abb. 30 und 31).

Die bei Zusatz von Pyridin zu Triphenylchlormethan in Nitrobenzol beobachteten maximalen Leitfähigkeiten entsprechen einem ionisierten Anteil des eingesetzten Substrates von über 90%. Die Verbindung $[Ph_3C(py)]^+Br^-$ fällt bei Zusatz von Pyridin zu einer Lösung von Triphenylchlormethan in Tetrachlorkohlenstoff als weißer Niederschlag aus.

Trifluorjodmethan kann beim nucleophilen Angriff am Jod durch starke EPD unter dem Einfluß des Lichtes ionisiert werden[46]; in dieser Verbindung ist die CF_3-Gruppe der elektronegativere Bindungspartner:

$$\overset{\delta+}{J} - \overset{\delta-}{CF_3}$$

$$2\,EPD + J - CF_3 \rightleftharpoons [(EPD)_2J]^+[CF_3]^-$$

b) Metallorganische Verbindungen

Benzylmagnesiumchlorid kann nur durch Hexamethylphosphoroxitriamid ionisiert werden[47]:

$$\underset{EPA}{C_6H_5CH_2MgCl} + \underset{EPD}{HMPT} \rightleftharpoons [(HMPT)MgCl]^+[C_6H_5CH_2]^-$$

π-Komplexe werden durch entsprechend stark als EPD fungierende Moleküle ionisiert, z. B.[48]

$$\underset{EPA}{Cl_2Pd_2(\pi\text{-}C_4H_7)_2} + \underset{EPD}{2\,Ph_3P} \rightleftharpoons 2[\pi\text{-}C_4H_7)Pd(PPh_3)_2]^+Cl^-$$

Die Leitfähigkeiten in Acetonitril nehmen in der Reihe

$$PPh_3 < PMe_2Ph < PEt_2Ph < PEt_3$$

zu, ebenso wie in der Reihe

$$J < Br < Cl,$$

wie es den abnehmenden EPD-Stärken der Halogenidionen gegenüber weichen Elektronenpaaracceptoren entspricht.

[45] MAYER, U., und V. GUTMANN: Mh. Chem. **102**, 148 (1971).
[46] SPAZIANTE, P. V., und V. GUTMANN: Inorg. Chim. Acta, im Druck.
[47] EBEL, H. F., und R. SCHNEIDER: Angew. Chem. **77**, 914 (1965).
[48] POWELL, J., und B. L. SHAW: J. Chem. Soc. (A) **1968**, 774.

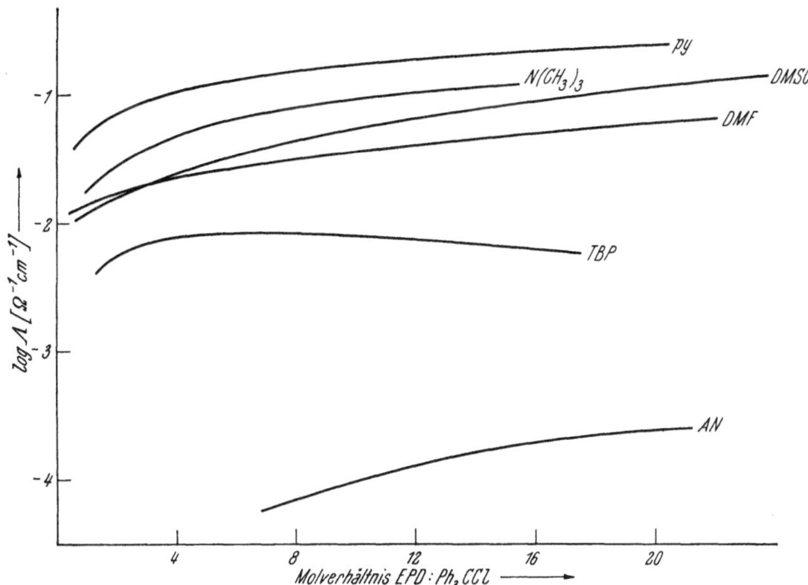

Abb. 30. Molare Leitfähigkeiten von Triphenylchlormethan in Nitrobenzol in Gegenwart zunehmender Mengen von neutralen Elektronenpaardonoren bei 25° C

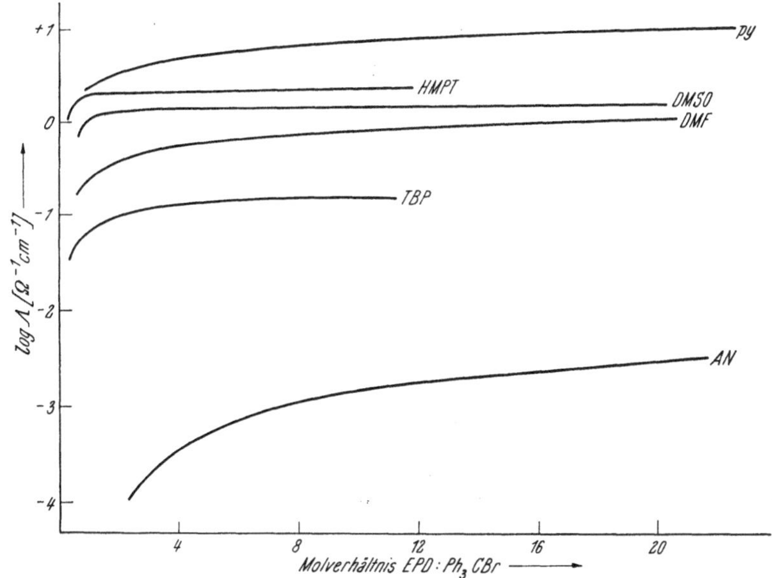

Abb. 31. Molare Leitfähigkeiten von Triphenylbrommethan in Nitrobenzol in Gegenwart zunehmender Mengen von neutralen Elektronenpaardonoren bei 25° C

Metallcarbonyle werden durch Pyridin oder Hydroxidionen unter Auto-komplexbildung ionisiert (siehe Kapitel IX, Seite 88). Sie können auch durch elektrophilen Angriff von Elektronenpaaracceptoren ionisiert werden, z. B.[49-52]

$$(CO)_3Mn\diagup\negthickspace\mid + CO + AlCl_3 \rightleftharpoons [(CO)_4Mn\diagup\negthickspace\mid]^+[AlCl_4]^-$$

Ferrocen, Cobaltocen und Niccelocen reagieren mit Jod unter Bildung von Poly-halogeniden

$$2(cy)_2Fe + 3J_2 \rightleftharpoons 2[(cy)_2Fe]^+ + 2J_3^-$$
$$\text{EPD} \quad \text{EPA}$$

sowie mit s-Trinitrobenzol oder Pikrinsäure unter Ionisation[53].

c) Verbindungen des Bors

Im Gegensatz zu Bor(III)-chlorid, welches nur durch starke Elektronenpaar-donoren unter Autokomplexbildung ionisiert wird (siehe Kapitel VIII), wird Bor(III)-jodid durch Pyridin unter Bildung von Jodidionen ionisiert[54]:

$$2\,py + BJ_3 \rightleftharpoons [(py)_2BJ_2]^+J^-$$
$$\text{EPD} \quad \text{EPA}$$

In ähnlicher Weise wird das Addukt $(CH_3)_3NBH_2J$ durch Pyridin und Acetonitril, nicht mehr aber durch Benzonitril ionisiert[55]:

$$(CH_3)_3NBH_2J + AN \rightleftharpoons [(CH_3)_3NBH_2(AN)]^+J^-$$

Auch Borhydride werden durch starke Elektronenpaardonoren ionisiert[56, 57]:

$$B_{10}H_{12}(AN)_2 + 2\,Et_3N \rightleftharpoons 2[Et_3NH]^+ \cdot [B_{10}H_{10}]^- + 2\,AN$$
$$B_2H_6 + 2\,DMSO \rightleftharpoons [BH_2(DMSO)_2]^+ \cdot [BH_4]^-$$

$[(EPD)_3BH]^{2+}$-Kationen entstehen z. B. beim Erhitzen von Trimethylamindi-bromboran in Pyridin oder Methylpyridin[58]:

$$(CH_3)_3NBHBr_2 + 3\,py \rightleftharpoons [py_3BH]^{2+} + 2\,Br^- + (CH_3)_3N$$

[49] NYHOLM, R. S.: Coll. Int. sur le Nature et les Propriétés des Liaisons de Coordination, Paris, 1969.

[50] FISCHER, E. O., und K. ÖFELE: Z. Naturf. **14**b, 763 (1959); Chem. Ber. **93**, 1156 (1960).

[51] ABEL, E. W., M. A. BENNETT und G. WILKINSON: Chem. and Ind. **1960**, 442.

[52] ABEL, E. W., I. S. BUTLER und J. G. REID: J. Chem. Soc. **1963**, 2068.

[53] HETNARSKI, B., Z. GRABOWSKI und W. KUTKIEWICZ: Roczniki Chem. **43**, 1589 (1965).

[54] MUETTERTIES, E. L.: J. Inorg. Nucl. Chem. **15**, 182 (1960).

[55] RYSCHKEWITSCH, G. E., und K. ZUTSHI: Inorg. Chem. **9**, 411 (1970).

[56] PITOCHELLI, A. R., R. ETTINGER, J. A. DUPONT und M. F. HAWTHORNE: J. Am. Chem. Soc. **84**, 1057 (1962).

[57] ACHRAN, G. E., und S. G. SHORE: Inorg. Chem. **4**, 125 (1965).

[58] RYSCHKEWITSCH, G. E., M. A. MATHUR und T. E. SULLIVAN: Chem. Comm. **1970**, 117.

d) Verbindungen des Siliciums

Die Ionisation des Silicium(IV)-jodids durch Pyridin wurde schon erwähnt (Seite 60). Vor kurzem wurde die Ionisation von Trichlorsilan mit Aminen in Lösung von Acetonitril festgestellt[59, 60]:

$$n\text{-}Pr_3N + HSiCl_3 \rightleftharpoons [n\text{-}Pr_3NH]^+[SiCl_3]^-$$

Auf Grund der Spektren wurden ferner die Komplexe von Silylbromid und Silyljodid mit Pyridin ionisch mit fünffach koordiniertem Silicium formuliert[61], nämlich

$$[SiH_3(py)_2]^+Br^- \quad bzw. \quad [SiH_3(py)_2]^+J^-$$

Sie geben gut leitende Lösungen in Acetonitril, während die Lösungen der entsprechenden Chloride und Fluoride den elektrischen Strom nicht leiten[40]. Ähnlich wird Triphenylsilyljodid in Gegenwart von 2,2'-Bipyridyl in Methylenchlorid oder Acetonitril ionisiert[62].

$$Ph_3SiJ + bipy \rightleftharpoons [Ph_3Si(bipy)]^+J^-$$

Silylkationen entstehen auch durch Ionisation von Silyltetracarbonylkobalt $H_3SiCo(CO)_4$ oder Silylpentacarbonylmangan(I) unter dem Einfluß von Trimethylamin oder Pyridin[63]:

$$H_3SiMn(CO)_5 + 2\,py \rightleftharpoons [H_3Si(py)_2]^+[Mn(CO)_5]^-$$

e) Metallhalogenide

Die Ionisation der Halogenide von harten Metallionen erfolgt um so leichter, je geringer die EPD-Eigenschaft des Halogenidions und je größer diejenige des neutralen EPD. Kobalt(II)-jodid und Kobalt(II)-bromid sind in Dimethylsulfoxid vollständig ionisiert[64]. Die bei den Kobalthalogeniden angetroffenen Verhältnisse werden im einzelnen auf Seite 83 ff. behandelt.

Nickel(II)-bromid ist in Dimethylsulfoxid ebenfalls vollständig, in Dimethylacetamid jedoch nur teilweise ionisiert[65].

In Dimethylsulfoxid wird auch Vanadylbromid vollständig ionisiert,

$$VOBr_2 + n\,DMSO \rightleftharpoons [VO(DMSO)_n]^{2+} + 2\,Br^-$$

während Vanadylchlorid zum Teil als solvatisiertes $[VOCl]^+$-Kation in der Lösung vorliegt[66]:

$$VOCl_2 + m\,DMSO \rightleftharpoons [VOCl(DMSO)_m]^+ + Cl^-$$

In Gegenwart von 2,2'-Bipyridyl ist Titan(III)-bromid in Acetonitril stärker ionisiert als Titan(III)-chlorid[67]:

$$(TiX_3)_2(bipy)_3 \rightleftharpoons [TiX_2(bipy)_2]^+[TiX_4(bipy)]^-$$

[59] BENKESER, R. A., K. M. FOLEY, J. B. GRITZNER und E. W. SMITH: J. Am. Chem. Soc. **92**, 697 (1970).

[60] BERNSTEIN, S. C.: J. Am. Chem. Soc. **92**, 699 (1970).

[61] CAMPBELL-FERGUSON, H. J., und E. A. V. EBSWORTH: Chem. and Ind. **1965**, 301.

[62] COREY, J. Y., und R. WEST: J. Am. Chem. Soc. **85**, 4034 (1963).

[63] AYLETT, B. J., und J. M. CAMPBELL: J. Chem. Soc. (A) **1969**, 1920.

[64] GUTMANN, V., und O. BOHUNOVSKY: Mh. Chem. **99**, 740 (1968).

[65] GUTMANN, V., und H. BARDY: Mh. Chem. **99**, 763 (1968).

[66] GUTMANN, V., und H. LAUSSEGGER: Mh. Chem. **99**, 963 (1968).

[67] FOWLES, G. W. A., und T. E. LESTER: J. Chem. Soc. (A) **1968**, 1180.

Die Inselstrukturen der Rhenium(III)-halogenide scheinen in EPD-Lösungsmitteln erhalten zu bleiben. In Dimethylsulfoxid liegt Rhenium(III)-chlorid vollständig ionisiert vor[68]:

$$Re_3Cl_9 + 6\,DMSO \rightleftharpoons [Re_3Cl_6(DMSO)_6]^{3+} + 3\,Cl^-$$

Die Substitution von Bromidionen erfolgt entsprechend leichter, so daß in Dimethylsulfoxid die Bildung des Bisarsenatokomplexes $Re_3Br_3(AsO_4)_2(DMSO)_3$ erfolgt[69].

Die Leitfähigkeiten von Thorium(IV)- und Uran(IV)-halogeniden in Nitromethan in Gegenwart eines gegebenen EPD nehmen vom Chlorid über Bromid zum Jodid zu, ebenso wie mit steigender Donizität des EPD-Lösungsmittels[70-74]. Wegen der unterschiedlichen Zusammensetzungen der Komplexe sind jedoch keine quantitativen Vergleiche möglich (siehe auch Kapitel IX, Seite 88 ff.).

Tabelle 15. *Molare Leitfähigkeiten von Thorium(IV)- und Uran(IV)-halogenid-Komplexen in Nitromethan bei* $c \approx 10^{-3}$ *und bei 20°C*

Komplex	Λ	Komplex	Λ
$ThCl_4(HMPT)_2$	9,8	$UCl_4(HMPT)_2$	10,1
$ThBr_4(HMPT)_2$	48,5	$UBr_4(HMPT)_2$	11,3
$ThBr_4(HMPT)_3$	87,0	$UCl_4(DMSO)_3$	22,7
$ThCl_4(DMSO)_5$	19,5	$UCl_4(DMA)_5$	36,6
$ThBr_4(DMSO)_6$	99,0	$UJ_4(DMA)_4$	275,0
$ThCl_4(DMA)_4$	17,7	$U(NCS)_4(DMA)_4$	22,6
$ThJ_4(DMA)_6$	162,0		
$Th(NCS)_4(DMA)_4$	13,0		

Jodide weicher Metallionen wie Quecksilber(II)-jodid liegen in Dimethylsulfoxid weitgehend unionisiert vor[75]. Dies liegt einerseits daran, daß die Quecksilber-Jod-Bindung ziemlich stark ist, und andererseits daran, daß die Hg-DMSO-Bindung schwächer ist, als auf Grund der Donizität zu erwarten wäre, weil Dimethylsulfoxid an weiche Metallionen wie Pd^{2+} und vermutlich auch Hg^{2+} über das Schwefelatom gebunden wird[76].

Beispiele für Ionisation durch elektrophilen Angriff eines Elektronenpaaracceptors sind die Bildung von Nitrosoniumverbindungen aus Nitrosylhalogenid und EPA-Halogenid[77-80],

[68] GUTMANN, V., und G. PAULSEN: Mh. Chem. **100**, 358 (1969).
[69] COTTON, F. A., und S. J. LIPPARD: J. Am. Chem. Soc. **88**, 1882 (1966).
[70] BAGNALL, K. W., D. BROWN, P. J. JONES und J. G. H. DU PREEZ: J. Chem. Soc. (A) **1966**, 737.
[71] BAGNALL, K. W., D. BROWN, P. J. JONES und P. S. ROBINSON: J. Chem. Soc. **1964**, 2531.
[72] BAGNALL, K. W., D. BROWN, P. J. JONES und J. G. H. DU PREEZ: J. Chem. Soc. **1965**, 3594.
[73] BAGNALL, K. W., A. M. DEANE, T. C. MARKIN, P. S. ROBINSON und M. A. A. STEWART: J. Chem. Soc. **1961**, 1611.
[74] BAGNALL, K. W., D. BROWN und R. COTTON: J. Chem. Soc. **1964**, 2527.
[75] GAIZER, F., und M. T. BECK: J. Inorg. Nucl. Chem. **29**, 21 (1967).
[76] COTTON, F. A., und R. FRANCIS: J. Am. Chem. Soc. **82**, 2986 (1960).
[77] BURG, A. B., und G. W. CAMPBELL: J. Am. Chem. Soc. **70**, 1964 (1948).
[78] BURG, A. B., und D. E. McKENZIE: J. Am. Chem. Soc. **74**, 3143 (1952).
[79] WOOLF, A. A., und H. J. EMELÉUS: J. Chem. Soc. **1950**, 1050.
[80] SHARPE, A. G., und A. A. WOOLF: J. Chem. Soc. **1951**, 798.

$$NOCl + FeCl_3 \rightleftharpoons [NO]^+ + [FeCl_4]^-$$
$$NOF + BrF_3 \rightleftharpoons [NO]^+ + [BrF_4]^-$$

das Verhalten von Antimon(V)-chlorid in Diphenylphosphoroxichlorid[81],

$$Ph_2POCl + SbCl_5 \rightleftharpoons [Ph_2PO]^+ + [SbCl_6]^-$$

oder von Metallhalogeniden in EPA-Lösungsmitteln, z. B. in flüssigem Brom(III)-fluorid[82],

$$(n+1)BrF_3 + NbF_5 \rightleftharpoons [(BrF_3)_nBrF_2]^+ + [NbF_6]^-$$

oder in flüssigem Schwefeldioxid[83]:

$$SbCl_5 \cdot CH_3COCl \underset{SO_2}{\rightleftharpoons} [CH_3CO]^+ + [SbCl_6]^-$$

f) Phosphorane, Arsorane und Stiborane

Trialkylphosphinjodide sind in Nitromethan ionisiert,

$$R_3PJ_2 \rightleftharpoons [R_3PJ]^+ \cdot J^-$$

nicht hingegen R_3PBr_2 und R_3PCl_2. Die Ionisation kann durch elektrophilen Angriff eines starken EPA[84] erfolgen,

$$R_3PCl_2 + SbCl_5 \rightleftharpoons [R_3PCl]^+ + [SbCl_6]^-$$
$$R_3PJ_2 + HgJ_2 \rightleftharpoons [R_3PJ]^+ + [HgJ_3]^-$$

oder durch nucleophilen Angriff eines starken EPD. Die Leitfähigkeiten von Phosphoranen, Arsoranen und Stiboranen in Acetonitril[85] sind in Tab. 16 enthalten; sie nehmen in den Reihen

$$P > As > Sb \quad \text{und} \quad J > Br > Cl$$

ab.

Tabelle 16. *Molare Leitfähigkeiten Λ von Phosphoranen, Arsoranen und Stiboranen bei $c \approx 10^{-2}$mol/l in Acetonitril bei 25°C.*

Verbindung	Λ	Verbindung	Λ
Ph_3PCl_2	78,1	Ph_3PBr_2	73,2
Ph_3AsCl_2	4,0	Ph_3AsBr_2	25,3
Ph_3SbCl_2	1,0	Ph_3SbBr_2	1,0

Auf Grund von Elektrolysestudien[86] wird bei Dichlorphosphoran Autokomplexbildung

$$2\,Ph_3PCl_2 \rightleftharpoons [Ph_3PCl]^+ + [Ph_3PCl_3]^-$$

und bei Dibromphosphoran einfache Ionisation angenommen:

$$Ph_3PBr_2 \rightleftharpoons [Ph_3PBr]^+ + Br^-$$

---

[81] GUTMANN, V., und J. IMHOF: Mh. Chem. **101**, 1 (1970).
[82] GUTMANN, V., und H. J. EMELÉUS: J. Chem. Soc. **1950**, 1076.
[83] SEEL, F.: Z. anorg. allg. Chem. **250**, 331 (1943); **252**, 24 (1943).
[84] ISSLEIB, K., und W. SEIDEL: Z. anorg. allg. Chem. **288**, 201 (1956).
[85] BEVERIDGE, A. D., G. S. HARRIS und F. INGLIS: J. Chem. Soc. (A) **1966**, 1920.
[86] BEVERIDGE, A. D., und G. S. HARRIS: J. Chem. Soc. **1964**, 6076.

Die hohen Leitfähigkeiten der Jodide beruhen nicht nur auf der leichten Ionisierbarkeit der Element-Jod-Bindungen, sondern auch auf dem teilweisen Zerfall der Verbindungen unter Jodbildung, welches als EPA eine Stabilisierung des Jodidions durch Komplexierung bewirkt:

$$\mathrm{Ph_3PJ_2} \nearrow \begin{array}{l} \mathrm{[Ph_3PJ]^+ + J^-} \\[1ex] \tfrac{1}{2}\,\mathrm{Ph_3P} + \tfrac{1}{2}\,\mathrm{[Ph_3PJ]^+} + \tfrac{1}{2}\,\mathrm{J_3^-} \end{array}$$

Kapitel VII

Durch ED-EA-Wechselwirkung eingeleitete Ionisation

Die Bildung von Ionen kann nicht nur durch EPD-EPA-Wechselwirkung, sondern auch durch ED-EA-Wechselwirkung eingeleitet werden, z. B. bei der Reaktion:

$$2\,Na + Cl_2 \rightleftharpoons 2\,Na^+ + 2\,Cl^-$$
$$ED\quad EA\qquad EPA\qquad EPD$$

Das entstehende Na^+ fungiert als EPA und das entstehende Cl^--Ion als EPD. Die Wechselwirkung zwischen diesen ist in der Gasphase für die Assoziation der Ionen maßgeblich.

In einem koordinierenden Lösungsmittel, z. B. Wasser, treten, wie wir schon gesehen haben, Reaktionen mit Lösungsmittelmolekülen auf, welche zur Stabilisierung der Ionen führen, z. B.

$$Na^+ + n\,H_2O \rightleftharpoons [Na(OH_2)_n]^+$$
$$EPA\qquad EPD$$

$$Cl^- + m\,H_2O \rightleftharpoons [(OH_2)_m\,Cl]^-$$
$$EPD\qquad EPA$$

Demnach wird die durch ED-EA-Wechselwirkung ausgelöste Ionisation durch die ihr folgende EPD-EPA-Wechselwirkung mit den Wassermolekülen gefördert.

Als weiteres Beispiel diene das Verhalten des Distickstofftetroxids. In reinem N_2O_4 liegen nur sehr wenige Nitrosoniumionen $[NO]^+$ und Nitrationen $[NO_3]^-$ vor, in denen die Stickstoffatome andere Oxidationszahlen haben als im N_2O_4-Molekül[1-3].

$$\overset{+IV}{N_2O_4} \rightleftharpoons \overset{+III}{[NO]^+} + \overset{+V}{[NO_3]^-}$$

In Gegenwart eines EPD wird das Nitrosoniumion durch Komplexbildung stabilisiert, und die Ionisation tritt in größerem Umfang ein als in reinem flüssigem Distickstofftetroxid:

$$n\,EPD + 2\,\overset{+IV}{N_2O_4} \rightleftharpoons \overset{+III}{[(EPD)_nNO]^+} + \overset{+V}{[NO_3]^-}$$

---

[1] Addison, C. C., J. C. Sheldon und N. Hodge: J. Chem. Soc. **1956**, 3906.

[2] Addison, C. C., und N. Logan: „Preparative Inorganic Reactions", Ed. W. L. Jolly, Vol. I, S. 141.

[3] Addison, C. C.: Angew. Chem. **72**, 193 (1960).

Auch die Alkalimetalle[4] dienen im flüssigen Zustand als Lösungsmittel für verschiedene Stoffe. Neben Metallen lösen sie eine Anzahl von Nichtmetallen, diese aber nur dann, wenn eine EA-ED-Wechselwirkung erfolgt, welche zur Bildung von Ionen führt. Die reduzierenden Eigenschaften des Alkalimetalls kommen dabei viel stärker zum Ausdruck als in einem nichtmetallischen Reaktionsmedium. Während Natrium in Wasser nach der Gleichung[4]

$$2\,Na + 2\,H_2O \rightleftharpoons 2\,Na^+ + 2\,OH^- + H_2$$

reagiert, wird der Wasserstoff des Wassers in flüssigem Natrium zur Gänze zu Hydridion reduziert:

$$4\,Na + H_2O \rightleftharpoons 4\,Na^+ + O^{2-} + 2\,H^-$$

Die hiebei erfolgende Ionisation wird durch ED-EA-Wechselwirkung eingeleitet, ebenso wie bei der Reaktion von Chlor in flüssigem Natrium.

$$2\,Na \ + \ Cl_2 \ \rightleftharpoons \ 2\,Na^+ \ + \ 2\,Cl^-$$

$$\text{ED-} \quad \text{EA-}$$
$$\text{Lösungs-} \ \text{Substrat} \quad \text{Kation} \quad \text{Anion}$$
$$\text{mittel}$$

Auch in Alkalimetallschmelzen dürfte eine Ionensolvatation, und zwar durch Metallatome, erfolgen[4], z. B.

$$n\,Li \rightleftharpoons [Li_{(n-1)}\,Li]^+ + e^-$$

Während in flüssigen Alkalimetallen das Lösungsmittel durch Ausübung der ED-Funktion die Ionisation einleitet, fungiert in Lösungen flüssiger Halogene das Lösungsmittel zunächst als EA.

Die verflüssigten Halogene lösen z. B. verschiedene Metallhalogenide; auch beim Lösen von Metallen in einem flüssigen Halogen entstehen zufolge der ED-EA-Wechselwirkung Metallhalogenide.

Die Bildung von ionisierten Metallhalogeniden[5] aus Metall und Jod in flüssigem Jod geht auf einen Elektronenübergang vom Metall auf das oxidierend wirkende Halogen zurück.

$$Na + \tfrac{1}{2}J_2 \rightleftharpoons Na^+ + J^-$$
$$\text{ED} \qquad \text{EA} \qquad \text{EPA} \ \text{EPD}$$

Die hiedurch bewirkte Funktionsumkehr entsprechend dem Prinzip der chemischen Funktionsfolge veranlaßt das Jodidion, als EPD gegenüber dem gleichzeitig zur Funktion als EPA befähigten Oxidationsmittel Jod zu fungieren, so daß das Anion stabilisiert wird (siehe Kapitel II und IV):

$$J^- + J_2 \rightleftharpoons [J_3]^-$$
$$\text{EPD} \ \text{EPA} \qquad \text{stabilisiertes Anion}$$

In ähnlicher Weise unterliegen Metalle in flüssigem Jod(I)-chlorid[6], Jod(I)-bromid[7] und Brom(III)-fluorid[8] der Ionisation durch Elektronenabgabe an die

[4] Addison, C. C.: Endeavour **26**, 91 (1967).
[5] Jander, G., und K. H. Bandlow: Z. physik. Chem. **203**, 250 (1954).
[6] Gutmann, V.: Z. anorg. allg. Chem. **264**, 169 (1951).
[7] Gutmann, V.: Mh. Chem. **82**, 156 (1951).
[8] Sharpe, A. G.: J. Chem. Soc. **1949**, 2901.

betreffenden Lösungsmittelmoleküle[9] mit darauf folgender Stabilisierung der Lösungsmittelanionen durch Komplexierung, z. B.

$$Zn + 4\,JCl \rightleftharpoons Zn^{2+} + 2\,[JCl_2]^- + J_2$$
$$Au + 6\,JBr \rightleftharpoons Au^{3+} + 3\,[JBr_2]^- + {}^3/_2\,J_2$$
$$3\,Ag + 4\,BrF_3 \rightleftharpoons 3\,Ag^+ + 3\,[BrF_4]^- + {}^1/_2\,Br_2$$

ED-Metall EA-Solvens   Metallion   Anion

Die Reaktionen mit flüssigem Fluor, Chlor oder Brom können in analoger Weise wiedergegeben werden.

Ferner sind verschiedene Reaktionen bekannt, bei denen Ionen unter gleichzeitigem Ablauf einer Disproportionierung entstehen (siehe auch Kapitel IX). Hiebei ändern sich die Oxidationszahlen; die durch ED-EA-Reaktionen entstehenden Kationen werden durch EPA-EPD-Wechselwirkung stabilisiert.

So werden verschiedene Metallcarbonyle durch Elektronenpaardonoren unter Disproportionierung ionisiert[10], z. B.

$$\overset{0}{2\,Fe(CO)_5} + 6\,py \rightleftharpoons \overset{+II}{[Fe(py)_6]^{2+}}\overset{-II}{[Fe(CO)_4]^{2-}} + 6\,CO$$

Eine Änderung der Oxidationszahl erfährt auch ein in flüssigem Ammoniak ionisiertes Alkalimetall[11]. Die Betrachtung eines Born-Haber-Kreisprozesses (Abb. 32) zeigt, daß die Energielieferanten die Solvatationsvorgänge sowohl am

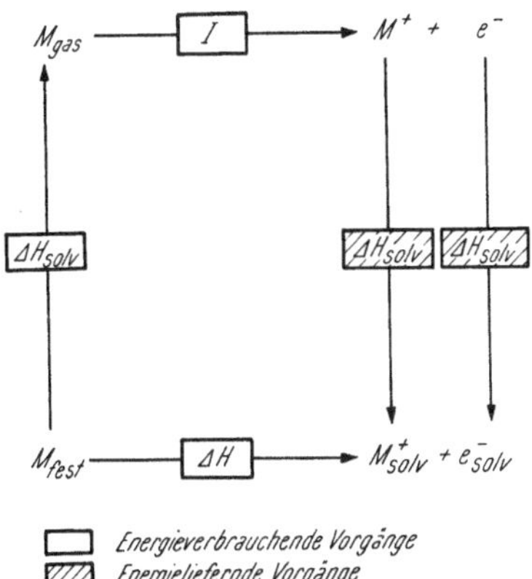

Abb. 32. Born-Haber-Kreisprozeß für die Ionisation eines Alkalimetalls in flüssigem Ammoniak

Alkalimetallion als auch am Elektron sind. Neben einem hohen Koordinationsvermögen für Kationen muß das Lösungsmittel über ein besonders hohes Solvatationsvermögen für Elektronen verfügen, um diese in Lösung stabilisieren zu können[11].

Möglicherweise wird durch Wechselwirkung des Metalls mit dem starken EPD-Lösungsmittel ein weiterer Beitrag zur Ionisation geliefert. Hiedurch wird die

[9] GUTMANN, V.: „Coordination Chemistry in Non-Aqueous Solutions", Springer-Verlag, Wien-New York, 1968.

[10] HIEBER, W., und E. H. SCHUBERT: Z. anorg. allg. Chem. **338**, 37 (1965).

[11] GUTMANN, V.: Chemie in unserer Zeit **4**, 90 (1970). — Chem. in Britain **7**, 102 (1971).

Elektronenpopulation des Alkalimetalls erhöht; somit ist zur Abtrennung des Elektrons weniger Energie erforderlich, als durch das Ionisierungspotential zum Ausdruck gebracht wird. Das entstehende Kation fungiert nun auf Grund des Funktionsprinzips als EPA, so daß es zur Stabilisierung des Kations durch Koordination mit dem EPD kommt. Das System wäre aber instabil, könnten die Solvensmoleküle gegenüber den entstehenden Elektronen nicht als starke Acceptoren fungieren und auf diese Weise die Ladung des Elektrons über einen entsprechend großen Komplexbereich „verteilen".

Kapitel VIII

Komplexbildung in Lösung

Die Ionisation einer kovalenten Verbindung durch ein EPD-Lösungsmittel kann als Ligandentauschreaktion

$$\text{Ligand} \rightarrow \text{EPD-Lösungsmittel}$$

und umgekehrt die Komplexbildung als Ligandentauschreaktion

$$\text{EPD-Lösungsmittel} \rightarrow \text{Ligand}$$

aufgefaßt werden. Tatsächlich wird jene Reaktion eintreten, welche am Koordinationszentrum zur Vergrößerung der Elektronenpopulation führt.

Je stärker die EPD-Funktion des Lösungsmittels, um so kleiner sind die Stabilitätskonstanten von Komplexverbindungen in seinen Lösungen. Ein hervorragend ionisierendes Lösungsmittel ist kein gutes Medium für die Komplexbildung, da es als starker Komplexbildner starke Solvatkomplexe bildet.

Während zur Festlegung der Donizität die Reaktion

$$\text{EPD} + \text{SbCl}_5 \rightleftharpoons \text{EPD} \cdot \text{SbCl}_5 \qquad K_{\text{EPD} \cdot \text{SbCl}_5}$$

herangezogen wurde, möge nun die Substitution von EPD durch Chloridionen in 1,2-Dichloräthan betrachtet werden:

$$\text{EPD} \cdot \text{SbCl}_5 + \text{Cl}^- \rightleftharpoons [\text{SbCl}_6]^- + \text{EPD}$$

Die Bildungskonstante des Hexachloroantimonations in verschiedenen EPD-Lösungsmitteln

$$K_{[\text{SbCl}_6]^-} = \frac{a_{[\text{SbCl}_6]^-} \cdot a_{\text{EPD}}}{a_{\text{EPD} \cdot \text{SbCl}_5} \cdot a_{\text{Cl}^-}}$$

erweist sich als umgekehrt proportional der Stabilitätskonstante des Solvatkomplexes $K_{\text{EPD} \cdot \text{SbCl}_5}$ und damit umgekehrt proportional der Donizität von EPD[1, 2] (Abb. 33).

In Medien sehr geringer Donizität ist die lineare Beziehung nicht mehr erfüllt, und zwar offenbar deshalb, weil Antimon(V)-chlorid zum Teil in Form assoziierter Moleküle vorliegt (Seite 102).

Diese Beziehung ist auch für andere Komplexe in verschiedenen EPD-Lösungsmitteln erfüllt, und zwar dann, wenn der Ligandentausch EPD-Lösungsmittel →

---

[1] GUTMANN, V., und E. WYCHERA: Inorg. Nucl. Chem. Letters **2**, 257 (1966). — GUTMANN, V., „Coordination Chemistry in Non-Aqueous Solutions", Springer-Verlag. Wien-New York, 1968. — GUTMANN, V.: Angew. Chem. **82**, 858 (1970); Int. Ed. **9**, 843 (1970).

[2] GUTMANN, V., und U. MAYER: Mh. Chem. **99**, 1383 (1968).

Ligand am Solvatkomplex nur von relativ geringfügiger EA-ED-Wechselwirkung begleitet wird. Nach der Regel: *Je höher die Donizität des Lösungsmittels, um so kleiner ist die Stabilitätskonstante eines bestimmten Komplexes in seinen Lösungen,*

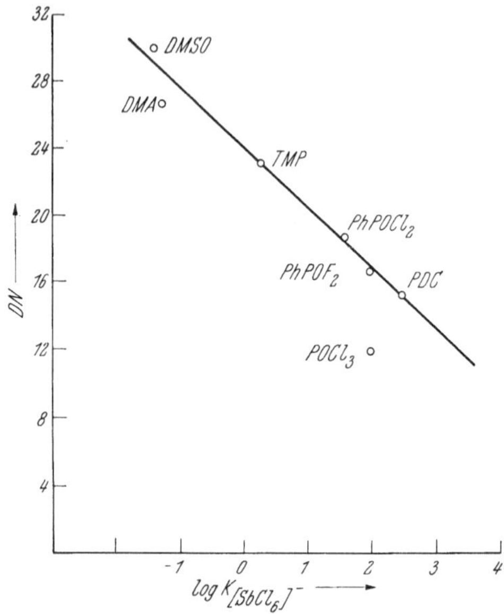

Abb. 33. Die Beziehung zwischen Donizität des Lösungsmittels und log $K_{[SbCl_6]^-}$ für die Reaktion $Ph_3CCl + SbCl_5 \rightleftharpoons [Ph_3C]^+[SbCl_6]^-$

ist es vorteilhaft, als Medium zur Komplexbildung ein Lösungsmittel möglichst geringer Donizität heranzuziehen. Ein solches hat ein geringes Ionisierungsvermögen und im allgemeinen kein gutes Lösungsvermögen. Man wird daher zu einem Kompromiß genötigt sein und ein Lösungsmittel höherer Donizität heranziehen, welches jedoch die Bildung des Komplexes noch ermöglichen muß[2]. Nitromethan oder Nitrobenzol wird zur Bildung von Jodokomplexen — sofern es die Löslichkeitsverhältnisse gestatten — vorzuziehen sein, während Bromokomplexe meist auch in Acetonitril oder einem Lösungsmittel ähnlicher Donizität zugänglich sein werden. Diese Lösungsmittel werden auch die Bildung zahlreicher Chlorokomplexe gestatten, wobei man in diesen Fällen ein Lösungsmittel noch höherer Donizität heranziehen kann. Wegen der hohen Donizität der Fluorid-, Azid-, Cyanid- und Rhodanidionen wird die Wahl des Lösungsmittels in diesen Fällen kein Problem sein: Hohe Donizität des Lösungsmittels wird z. B. für die Bildung von Fluorokomplexen keine Einschränkung darstellen.

Die vergleichende Betrachtung der relativen Stabilität von Halogeno- und Pseudohalogenokomplexen von Kobalt(II) in verschiedenen EPD-Lösungsmitteln wird zeigen, daß diese mitunter nicht nur von den relativen Donizitäten von EPD-Lösungsmittel und Konkurrenzligand bestimmt werden, sondern daß auch andere Faktoren eine entscheidende Rolle spielen können.

Die Bruttobildungskonstante eines Komplexes β in der Gasphase wird durch die freie Reaktionsenthalpie bestimmt. Diese Größe ist für Halogenokomplexe aus experimentellen Gründen nicht zugänglich.

In Tab. 17 ist der jeweils an X^- erforderliche Überschuß eingetragen, welcher zur annähernd quantitativen Bildung der Tetrahalogeno- bzw. Pseudohalogenokomplexe von Kobalt(II) in verschiedenen EPD-Lösungsmitteln unter vergleichbaren Bedingungen erforderlich ist[3]. Für eine Reihe von Systemen besteht Übereinstimmung mit den gegen Vanadylacetylacetonat ermittelten relativen Donorstärken von Neutraldonor und Anionenligand[2].

Tabelle 17. *An X^- erforderlicher Überschuß zur vollständigen Bildung von $[CoX_4]^{2-}$ in verschiedenen EPD-Lösungsmitteln* (1 *bedeutet das stöchiometrisch erforderliche Molverhältnis* $X^-: Co^{2+} = 4$)

EPD (DN) \ X^-	J^-	Br^-	Cl^-	NCS^-	N_3^-	Literatur
NM (2,7)	1,2	1	1	1	1	4, 5
AN (14,1)	[3,2]	(10)	4	2	2	6, 7—14
PDC (15,1)	2	1,2	1,2	1	1	6, 12, 13
ES (15,2)	(22)	(11)	4	2	2	15, 16
Aceton (17,0)	75	25	2	1,5	1	5, 17—21
Wasser (18,0)	[750]	[750]	[750]	[750]	[750]	20, 22—24
DMA (27,8)	[82][a]	[10][a]	4	3	1	6, 5, 13
DMSO (29,8)	[10][c]		50	50	5	6, 5, 13, 14, 25
HMPT (38,8)	[48][b]	[210][a]	115	40	7	26, 27

( ) ... $[CoX_4]^{2-}$ nicht ausschließlich vorhanden
[ ] ... $[CoX_4]^{2-}$ nicht nachweisbar
a ... Gleichgewicht $CoX_2 - [CoX_3]^-$
b ... Gleichgewicht $[CoX]^+ - CoX_2$
c ... Gleichgewicht $Co^{2+} - [CoJ]^+$

[3] MAYER, U., und V. GUTMANN: Mh. Chem. **101**, 912 (1970).

[4] GUTMANN, V., und K. H. WEGLEITNER: Mh. Chem. **99**, 268 (1968). — TURCO, A., G. PECITE und M. NICCOLINI: J. Chem. Soc. **1962**, 3008.

[5] BUFFAGNI, S., und T. M. DUNN: J. Chem. Soc. **1961**, 5105.

[6] GUTMANN, V., und O. BOHUNOVSKY: Mh. Chem. **99**, 740 (1968).

[7] GUTMANN, V., G. HAMPEL und J. R. MASAGUER: Mh. Chem. **94**, 822 (1963).

[8] JANZ, G. J., A. E. MARCINKOVSKY und H. V. VENKATASETTY: Electrochim. Acta **8**, 867 (1963).

[9] BAAZ, M., V. GUTMANN, G. HAMPEL, und J. R. MASAGUER: Mh. Chem. **93**, 1416 (1962).

[10] LIBUŚ, W.: Roczniki Chemii **36**, 999 (1962).

[11] LIBUŚ, W.: Roczniki Chemii **35**, 411 (1961).

[12] GUTMANN, V., und K. FENKART: Mh. Chem. **98**, 1 (1967).

[13] GUTMANN, V., und O. BOHUNOVSKY: Mh. Chem. **99**, 751 (1968).

[14] GUTMANN, V., und O. LEITMANN: Mh. Chem. **97**, 926 (1966).

[15] GUTMANN, V., und A. SCHERHAUFER: Mh. Chem. **99**, 1686 (1968).

[16] GUTMANN, V., und A. SCHERHAUFER: Inorg. Chim. Acta **2**, 325 (1968).

[17] FINE, D. A.: J. Am. Chem. Soc. **84**, 1139 (1962).

[18] KATZIN, L. I., und E. GEBERT: J. Am. Chem. Soc. **72**, 5464 (1950).

[19] KATZIN, L. I., und E. GEBERT: J. Am. Chem. Soc. **72**, 5659 (1950).

[20] SENISE, P.: J. Am. Chem. Soc. **81**, 4196 (1959).

[21] BABKO, A. K., und O. F. DRAKO: J. Gen. Chem. (USSR) **19**, 1809 (1949).

[22] GUTMANN, V., und U. MAYER: unpubliziert.

[23] LEHNE, M.: Bull. Soc. Chim. France **1951**, 76.

[24] BOBTELSKY, M., und K. S. SPIEGLER: J. Chem. Soc. **1949**, 143.

[25] GUTMANN, V., und L. HÜBNER: Mh. Chem. **92**, 1261 (1961).

[26] GUTMANN, V., und A. WEISZ: Mh. Chem. **100**, 2104 (1969).

[27] WEISZ, A., und V. GUTMANN: Mh. Chem. **101**, 19 (1970).

Der Vergleich von Tab. 10, Seite 61, und Tab. 17, Seite 83, zeigt, daß für eine Reihe von Systemen Übereinstimmung zwischen experimentell beobachteter Stabilität der Komplexe (Tab. 17) und den gegen $VO(acac)_2$ ermittelten relativen EPD-Stärken (Tab. 10, Seite 61) besteht: Die EPD-Eigenschaften der Liganden J^-, Br^-, Cl^-, NCS^- und N_3^- sind stärker als diejenigen von Nitromethan oder Nitrobenzol. Daher erfolgt die praktisch quantitative Bildung der entsprechenden $[CoX_4]^{2-}$-Komplexe in Nitromethan schon bei stöchiometrisch erforderlichen X^--Mengen: Die in Nitromethan den elektrischen Strom nicht leitenden Solvate, z. B. $CoJ_2(NM)_2$, werden durch Zusatz der als Konkurrenzliganden fungierenden Halogenid- bzw. Pseudohalogenidionen in die entsprechenden Anionenkomplexe, z. B. $[CoJ_4]^{2-}$ übergeführt.

Auch die Existenz der $[CoX_4]^{2-}$-Komplexe mit $X^- = Br^-$, Cl^-, NCS^- und N_3^- in den Lösungsmitteln Acetonitril, Propandiol-1,2-carbonat, Äthylensulfit und Aceton ist aus den in Tab. 10 angegebenen Werten abzuleiten. Wegen der im Vergleich zu Nitromethan höheren Donizitäten dieser Lösungsmittel sind zur quantitativen Bildung der Komplexe Molverhältnisse erforderlich, die in vielen Fällen über das stöchiometrisch erforderliche hinausgehen.

Jodid- und Bromidionen sind wesentlich schwächere Liganden als die Dimethylsulfoxid- und Hexamethylphosphoroxitriamidmoleküle. Die Bildung von Tetrahalogenokobaltat ist daher in diesen Lösungen nicht zu erwarten und wird auch bei mehr als hundertfachem Überschuß dieser Anionen nicht beobachtet. Da das Azidion stärker als EPD fungiert, als die genannten Lösungsmittelmoleküle, tritt die Bildung des Tetraazidokomplexes erwartungsgemäß in beiden Lösungsmitteln leicht ein. Die starke EPD-Funktion des Azidions kommt in den verhältnismäßig geringen Ligandenüberschüssen zum Ausdruck, die zur quantitativen Bildung von Tetraazidokobaltat(II) auch in stark als EPD fungierenden Lösungsmitteln erforderlich sind.

Auch die Bildung des Tetrarhodanatokomplexes in Dimethylacetamid und Dimethylsulfoxid entspricht den Erwartungen auf Grund von Abb. 28, Seite 62.

Andererseits lassen sich eine Reihe von in Tab. 17 angegebenen Befunden unter Heranziehung der relativen Donizitäten allein nicht erklären. Die EPD-Stärke des Jodidions entspricht nach Tab. 17 etwa derjenigen des Acetonitrils, des Propandiol-1,2-carbonats oder des Äthylensulfits. Da in den verdünnten Kobalt(II)-perchlorat-Lösungen der neutrale Elektronenpaardonor in großem Überschuß vorliegt, ist die Bildung von Tetrajodokobaltat — wenn auch erst bei großem Jodidionenangebot — überraschend. Ebenso überraschend ist die Bildung von $[CoCl_4]^{2-}$ in Dimethylacetamid, Dimethylsulfoxid und Hexamethylphosphoroxitriamid.

Die freien Reaktionsenthalpien der Gasphasenreaktionen

$$[VO(acac)_2 EPD] + J^- \rightleftharpoons [VO(acac)_2 J]^- + EPD$$

sind für die betrachteten Ligandentauschreaktionen

$$\text{neutraler EPD} \rightarrow \text{Anion}$$

relativ klein. Beim Übergang von der Gasphase zur Lösungsphase wird das Anion X^- stärker solvatisiert als ein neutrales EPD-Molekül. Die stärkere Solvatation des Anions hat eine Erniedrigung der EPD-Stärke von X^- gegenüber derjenigen des neutralen EPD zur Folge, so daß beim Übergang von der Gasphase in die Lösung die EPD-Eigenschaft des Anions X^- stärker verringert wird als diejenige des neutralen EPD-Moleküls: X^- ist in der Lösung ein schwächerer Ligand als in der Gasphase.

Dieser „*thermodynamische Solvatationseffekt*" ist um so ausgeprägter, je größer im solvatisierenden Medium das Verhältnis der freien Solvatationsenthalpie des Anions zur freien Enthalpie des Gesamtvorganges der Komplexbildung ist[3].

Da das (hypothetische) $[CoCl_3]^-$-Ion entsprechend der letzten Stufe der betrachteten Komplexgleichgewichte

$$[CoCl_3(EPD)]^- + Cl^- \rightleftharpoons [CoCl_4]^{2-} + EPD$$

stärker als EPA fungiert als $VO(acac)_2$, wird die durch die Solvatation der Liganden bedingte Verminderung des Absolutbetrages des ΔG-Wertes der Gasphasenreaktion einen nur geringen Beitrag zum ΔG-Wert der Gesamtreaktion liefern. Die durch Solvatation von X^- bedingte Verminderung seiner EPD-Funktion gegenüber dem EPA fällt nun weniger ins Gewicht, d. h. die EPD-Stärke der X^--Ionen erscheint gegenüber den neutralen EPD-Lösungsmittelmolekülen größer als gegenüber Vanadylacetylacetonat. In Acetonitril wird $[CoCl_4]^{2-}$ schon bei vierfachem Überschuß an Chloridionen fast quantitativ gebildet (Tab. 17), aber $[VO(acac)_2Cl]^-$ ist in demselben Lösungsmittel auch bei hundertfachem Überschuß an Chloridionen nur zum Teil vorhanden. Analoges gilt auch für die Stabilität von $[CoJ_3]^-$ bzw. $[Co(NCS)_3]^-$ im Vergleich zu derjenigen von $VO(acac)_2$ in Acetonitril.

Bei gegebenem EPA erfolgen Verschiebungen der relativen EPD-Eigenschaften von X^- und neutralen EPD-Molekülen dann, wenn sich die einzelnen EPD-Lösungsmittel in ihrem Solvatationsvermögen gegenüber den Liganden X^- unterscheiden. Dieser Effekt wird auch als *spezifischer Solvatationseffekt* bezeichnet[3].

Er erklärt z. B. folgende Phänomene: Nach Tab. 17 werden $[CoX_4]^{2-}$-Komplexe in Dimethylacetamid bei geringerem Angebot an Konkurrenzliganden gebildet als in Dimethylsulfoxid. Obwohl sich die Lösungsmittel nicht wesentlich in ihren Donizitäten unterscheiden, ist Dimethylsulfoxid wesentlich stärker solvatisierend für die anionischen Konkurrenzliganden als Dimethylacetamid. Andererseits ist die Tendenz zur Bildung von $[CoCl_4]^{2-}$-, $[Co(NCS)_4]^{2-}$- und $[Co(N_3)_4]^{2-}$-Ionen in Dimethylsulfoxid und Hexamethylphosphoroxitriamid ähnlich, obwohl letzteres eine wesentlich höhere Donizität, dafür aber fast kein Solvatationsvermögen für Anionen besitzt.

Analog erfolgt die Bildung der $[CoX_4]^{2-}$-Komplexstufen unter sonst vergleichbaren Bedingungen in Äthylensulfit (ES) und Dimethylacetamid in etwa demselben Ausmaß, obwohl Dimethylacetamid ein stärkerer EPD ist als Äthylensulfit, aber letzteres wirkt stärker solvatisierend als ersteres. Seine Donizität ist mit derjenigen von Propandiolcarbonat vergleichbar, aber die Komplexbildung erfolgt im schwächer solvatisierenden Propandiolcarbonat leichter als in Äthylensulfit.

Besonders drastisch ist der Vergleich der Verhältnisse in Aceton und Wasser, welche annähernd gleich hohe Donizität, aber besonders große Unterschiede in ihren EPA-Eigenschaften, also ihrem Solvatationsvermögen gegenüber Anionen, aufweisen: In Wasser werden $[CoX_4]^{2-}$-Komplexe auch bei 750fachem Überschuß an X^--Ionen nicht gebildet, während sie in Aceton sehr leicht entstehen. In Wasser wird auch bei hohem Azidionenangebot nur Mono- und Diazidokobalt(II) gebildet[20]. In einer wäßrigen 8 M-Kaliumrhodanidlösung bildet Kobalt(II) nur zu wenigen Prozenten den Tetrarhodanatokomplex, und $[CoBr_4]^{2-}$ und $[CoCl_4]^{2-}$ werden auch bei tausendfachem Überschuß an Halogenidionen überhaupt nicht und erst in konzentrierten Bromwasserstoff- bzw. Chlorwasserstofflösungen gebildet.

Nickel(II) fungiert als schwächerer EPA als Kobalt(II), die Komplexbildung verläuft daher noch unvollständiger. Zusatz von Natriumazid zu einer wäßrigen 10^{-3}-M Nickel(II)-perchlorat-Lösung führt auch bei hohem Azidionenangebot nur zu Monoazidonickel(II), und Monochloronickel(II) ist nur in stark salzsauren Lösungen nachweisbar[28]. Im Gegensatz dazu werden in dem stärker als EPD fungierenden Dimethylacetamid die Tetrachloro- und Tetraazidokomplexe schon bei wesentlich geringeren X^--Angeboten quantitativ gebildet[29, 30].

Die Bildung von Tetrachlorokobaltat(II) in Hexamethylphosphoroxitriamid, Dimethylsulfoxid und Dimethylacetamid ist nunmehr auch mit den in Tab. 10 angegebenen Werten in Einklang zu bringen: trotz der erheblich kleineren freien Enthalpie $\Delta G^0(VO)(Cl^-)$ im Vergleich zu $\Delta G^0(VO)(HMPT)$ erfolgt Komplexbildung, da sich für Hexamethylphosphoroxitriamid „thermodynamischer Solvatationseffekt" und „spezifischer Solvatationseffekt" (Acetonitril solvatisiert Anionen stärker als Hexamethylphosphoroxitriamid) überlagern[3]. Gleiches trifft für Dimethylacetamid zu, während bei Dimethylsulfoxid der „thermodynamische Solvatationseffekt" teilweise durch den „spezifischen Solvatationseffekt" (Acetonitril solvatisiert Anionen schwächer als Dimethylsulfoxid) kompensiert wird, so daß ein größeres Angebot an Konkurrenzliganden zur Komplexbildung notwendig ist.

Bei der Betrachtung der Komplexbildung in Lösung spielen mitunter sterische Faktoren eine entscheidende Rolle: Kalorimetrische Messungen haben gezeigt, daß die EPD-Stärke von Hexamethylphosphoroxitriamid in $[Co(HMPT)_4]^{2+}$-Komplexen geringer ist, als seine Donizität erwarten läßt[31]. Werden die Enthalpien für die Umsolvatisierungsreaktionen

$$[Co(AN)_6]^{2+} + n\,EPD \;\rightleftharpoons\; [Co(EPD)_n]^{2+} + 6\,AN;$$

gegen die Donizitäten der EPD-Moleküle aufgetragen, so liegen diese für Acetonitril, Dimethylformamid und Dimethylsulfoxid auf einer Geraden, für Hexamethylphosphoroxitriamid jedoch außerhalb derselben[31]. ^{1}H-KMR-Spektren bei verschiedenen Temperaturen bestätigen die Vermutung, daß sterische Momente hiefür verantwortlich sind[31].

Die sehr sperrig gebauten Hexamethylphosphoroxitriamidmoleküle können im tetraedrisch gebauten Solvatkomplex nicht nahe genug an das Koordinationszentrum gelangen, so daß das Koordinationszentrum und die starre Ligandenhülle relativ zueinander Bewegungen ausführen, was als *„Schlottereffekt"* bezeichnet wurde[31].

---

[28] JØRGENSEN, C. K.: „Inorganic Complexes", Academic Press, London-New York, 1963, S. 42.

[29] GUTMANN, V., und H. BARDY: Mh. Chem. **99**, 763 (1968).

[30] GUTMANN, V., und H. BARDY: Z. anorg. allg. Chem. **361**, 213 (1968).

[31] GUTMANN, V., A. WEISZ und W. KERBER: Mh. Chem. **100**, 2096 (1969).

Dieser ist mitbestimmend für die auch bei hohem Chloridionenangebot unerwartete Bildung von $[CoCl_4]^{2-}$ in Hexamethylphosphoroxitriamid und die ebenfalls unerwartete Bildung von $Co(HMPT)_2Cl_2$ bei einem Molverhältnis $v = HMPT : Co^{2+} = 2$. Ja selbst durch Bromid und Jodidionen ist eine teilweise Substitution von Hexamethylphosphoroxitriamidmolekülen im Tetrasolvat möglich[26]:

$$[Co(HMPT)_4]^{2+} + J^- \rightleftharpoons [Co(HMPT)_3J]^+ + HMPT$$
$$[Co(HMPT)_4]^{2+} + 2\,Br^- \rightleftharpoons [Co(HMPT)_2Br_2] + 2\,HMPT$$

In den entstehenden Mono- und Dihalogenkomplexen tritt nämlich der Schlottereffekt nicht mehr auf, und die Bindungsstärke Co—HMPT entspricht etwa den sich aus der Donizität von Hexamethylphosphoroxitriamid ergebenden Erwartungen.

Entsprechend der hohen EPD-Stärke von Azidion und Rhodanidion werden, wie schon erwähnt, auch die weiteren Hexamethylphosphoroxitriamidliganden durch diese leicht substituiert[27].

Auch in anderen EPD-Lösungsmitteln werden tetraedrisch koordinierte Solvate von Kobalt(II) festgestellt; sie liegen im Gleichgewicht mit oktaedrisch koordinierten Solvaten in um so größerem Ausmaß vor, je höher die Temperatur ist. In Wasser liegt der Tetraquokomplex bei 100°C vor[32,33], und in Trimethylphosphat tritt beim Erwärmen ebenfalls die tetraedrische Spezies $[Co(TMP)_4]^{2+}$ auf. In Lösung von Dichloräthan ist in Gegenwart von Dimethylacetamid das Kobaltion von vier Molekülen Dimethylacetamid tetraedrisch umgeben[34]. Dieses Ion ist im Kristall $[Co(DMA)_4][ClO_4]_2$ enthalten und in Lösung beim Erwärmen nachweisbar[35].

Es können auch spezifische koordinationschemische Reaktionen eintreten. So kann es in Trimethylphosphat zur Chelatbildung kommen, z. B.[36,37]:

$$CoJ_2 + 2\,(CH_3O)_3PO \longrightarrow \begin{array}{c} CH_3O \\ \diagdown \\ CH_3O \diagup \end{array} P \diagup \diagdown \begin{array}{c} O \\ O \end{array} Co \begin{array}{c} O \\ O \end{array} \diagup \diagdown P \begin{array}{c} OCH_3 \\ OCH_3 \end{array} + 2\,CH_3J$$

Bei weichen Metallionen sind die Verhältnisse vor allem in Dimethylsulfoxid anders geartet. Es wurde schon erwähnt, daß Quecksilber(II)-jodid in Dimethylsulfoxid im Gegensatz zu den Jodiden harter Metallionen nicht ionisiert wird. Dementsprechend werden leicht Jodokomplexe gebildet[38-40], deren Stabilitätskonstanten vor kurzem in Dimethylsulfoxid bestimmt wurden[39].

---

[32] Swift, T. J., und R. E. Connick: J. Chem. Phys. **37**, 307 (1962).

[33] Swift, T. J.: Inorg. Chem. **3**, 526 (1964).

[34] Wayland, B., R. S. Fitzgerald und R. E. Drago: J. Am. Chem. Soc. **88**, 4600 (1966).

[35] Gutmann, V., R. Beran und W. Kerber: unveröffentlicht.

[36] Gutmann, V., und K. Fenkart: Mh. Chem. **99**, 1452 (1968).

[37] Gutmann, V., und G. Beer: Inorg. Chim. Acta **3**, 87 (1969).

[38] Gaizer, F., und M. T. Beck: J. Inorg. Nucl. Chem. **29**, 21 (1967).

[39] Peterson, R. J., P. J. Lingane und W. L. Reynolds: Inorg. Chem. **9**, 680 (1970).

[40] Buckingham, A., und R. P. H. Gasser: J. Chem. Soc. (A) **1967**, 1964.

Kapitel IX

Autokomplexbildung in Lösung

1. Allgemeines

Die Ionisation von Trimethylzinnjodid durch nucleophilen Angriff eines EPD führt zu solvatisierten Trimethylzinnkationen und Jodidionen. Sie entspricht dem einfachsten Schema der heterolytischen Spaltung einer kovalenten Verbindung. Die Ionisation kann komplizierter verlaufen, wenn das Substrat mehrere zu Anionen ionisierbare Atome oder Atomgruppen enthält und zur Autokomplexbildung befähigt ist.

Unter Autokomplexbildung oder Ligandendisproportionierung wird die gleichzeitige Bildung von Kationenkomplex und Anionenkomplex mit gleichen Koordinationszentren verstanden.

Sie wird dann eintreten, wenn die durch Ionisation entstehenden Anionen als Konkurrenzliganden mit noch nicht ionisierten Molekülen oder neutralen Solvatkomplexen Anionenkomplexe bilden können, also dann, wenn die EPD-Eigenschaften des die Ionisation einleitenden Lösungsmittels bzw. Reaktanten und diejenigen des dabei entstehenden Anions nicht allzu verschieden sind.

Die *Autokomplexierungsregel* lautet: Ein schwer ionisierbares Substrat neigt in einem Lösungsmittel hoher Donizität zur Autokomplexbildung, während ein leicht ionisierbares Substrat in diesem ohne Autokomplexbildung ionisiert wird und nur in EPD-Lösungsmitteln geringer Donizität zur Autokomplexbildung veranlaßt wird.

Da es sich hiebei um Gleichgewichte handelt, wird das Ausmaß der Autokomplexbildung auch von den Konzentrationsverhältnissen — einem bisher viel zuwenig beachteten Faktor — abhängen.

Als vielseitig anwendbar erweist sich die Methode der Leitfähigkeitstitration der Lösung des ionisierbaren Substrates mit dem EPD in einem koordinationschemisch möglichst inerten Medium nicht zu kleiner Dielektrizitätskonstante wie z. B. Nitrobenzol. Darüber hinaus erbringen KMR-Messungen, spektrophotometrische sowie kinetische Untersuchungen wertvolle Aufschlüsse über die Überlagerung der Gleichgewichte der Ionisation, Adduktbildung und Autokomplexbildung.

2. Zinn(IV)-jodid

Bei Zinn(IV)-jodid läßt sich die Autokomplexbildung auf spektrophotometrischem und auf konduktometrischem Wege erkennen[1]. Bei Zugabe eines neutralen

---

[1] MAYER, U., und V. GUTMANN: Mh. Chem. **101**, 997 (1970).

Elektronenpaardonors zur gelb gefärbten und nichtleitenden Lösung von Zinn(IV)-jodid in Nitrobenzol geht diese in eine rote, den elektrischen Strom leitende Lösung über. Bei der Titration mit Tributylphosphat, Dimethylformamid, Dimethylsulfoxid oder Hexamethylphosphoroxitriamid erfolgt der Farbumschlag schon bei Zugabe der ersten Tropfen, mit Tetrahydrofuran erst bei hohem EPD-Überschuß ($v \approx 40$). Die Spektren der roten Lösungen zeigen die Gegenwart von Hexajodostannat-Ionen.

Vergleicht man die molaren Leitfähigkeiten in Nitrobenzol bei Molverhältnissen von $v > 3$, so entspricht ihre Zunahme der Reihung der Donizitäten der neutralen Elektronenpaardonoren (Abb. 34):

$$\text{AN} < \text{THF} < \text{TBP} < \text{DMF} < \text{DMSO} < \text{HMPT}$$

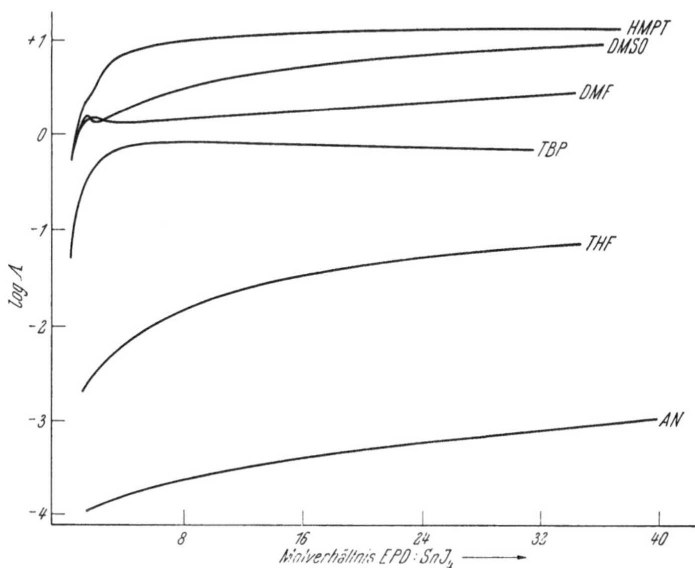

Abb. 34. Leitfähigkeitstitrationen von Zinn(IV)-jodid in Nitrobenzol mit neutralen Elektronenpaardonoren bei 25° C

Instruktiv sind die in den Leitfähigkeitsdiagrammen auftretenden Maxima, wie sie bei der Titration mit Dimethylformamid bei $v \approx 1,9$ oder mit Dimethylsulfoxid bei $v \approx 1,6$ auftreten, sowie Wendepunkte, wie sie bei der Reaktion mit Hexamethylphosphoroxitriamid bei $v \approx 1,5$ beobachtet werden. Das bei Zusatz geringer EPD-Mengen entstehende Addukt

$$\text{SnJ}_4 + 2\,\text{EPD} \rightleftharpoons \text{SnJ}_4(\text{EPD})_2 \qquad [1]$$

unterliegt teilweise der Autokomplexbildung, da durch Ionisation entstehende Jodidionen

$$\text{SnJ}_4(\text{EPD})_2 + \text{EPD} \rightleftharpoons [\text{SnJ}_3(\text{EPD})_3]^+ + \text{J}^- \qquad [2]$$

zur Bildung von Hexajodostannat zur Verfügung stehen:

$$\text{SnJ}_4(\text{EPD})_2 + 2\,\text{J}^- \rightleftharpoons [\text{SnJ}_6]^{2-} + 2\,\text{EPD} \qquad [3]$$

Das Ausmaß der Autokomplexbildung als Ergebnis der Reaktionen [2] und [3]

$$3\,\text{SnJ}_4(\text{EPD})_2 \rightleftharpoons 2\,[\text{SnJ}_3(\text{EPD})_3]^+ + [\text{SnJ}_6]^{2-} \qquad [4]$$

richtet sich sowohl nach der Natur als auch nach der Menge des zugesetzten neutralen Elektronenpaardonors: Bei gegebenem Molverhältnis v nimmt die Autokomplexbildung mit steigender Donizität des EPD ab, da die Ionisation [2] gegenüber der Komplexbildung [3] bevorzugt wird. Mit zunehmendem EPD-Gehalt geht die Autokomplexbildung zurück, und die durch Abbau von Hexajodostannat entstehenden Jodidionen

$$[SnJ_6]^{2-} + 2\,EPD \rightleftharpoons SnJ_4(EPD)_2 + 2\,J^- \tag{5}$$

treten teilweise mit den vorhandenen Kationen zu neutralem Addukt zusammen:

$$[SnJ_3(EPD)_3]^+ + J^- \rightleftharpoons SnJ_4(EPD)_2 + EPD \tag{6}$$

Dadurch wird die durch EPD-Zusatz bewirkte Leitfähigkeitszunahme vermindert: Bei Dimethylformamid und Dimethylsulfoxid findet man jeweils ein Maximum und ein kurz darauf folgendes Minimum der Leitfähigkeit. Der sodann erfolgende weitere Leitfähigkeitsanstieg ist auf die bei EPD-Überschuß dominierende Ionisation nach Gleichung [2] zurückzuführen.

Bei Zusatz von Hexamethylphosphoroxitriamid überwiegt zufolge seiner hohen Donizität und des damit verbundenen hohen Ionisierungsvermögens die Ionisation schon bei geringem Angebot von HMPT gegenüber der Autokomplexbildung. Der Abbau des nur in geringer Menge vorhandenen Jodokomplexes bedingt im Leitfähigkeitsdiagramm nur mehr einen Wendepunkt.

Hingegen ist das Leitfähigkeitsmaximum bei der Titration mit Tributylphosphat auf die Abnahme der Dielektrizitätskonstante und die Zunahme der Viskosität des Systems zurückzuführen[1]. Die sehr geringe Abnahme der Leitfähigkeit in Lösungen, welche steigende Mengen Hexamethylphosphoroxitriamid enthalten, ist durch die Viskositätszunahme bedingt[1].

Da die Reaktionen nicht quantitativ verlaufen, besteht zwischen der Änderung der Leitfähigkeiten und der Stöchiometrie der Reaktionen kein unmittelbarer Zusammenhang.

Allgemein gilt, daß der *Abbau des komplexen Anions um so leichter erfolgt, je größer das Ionisierungsvermögen des EPD* ist.

Daher nehmen die Molverhältnisse v, bei denen im vorliegenden System maximale Farbintensität, also die maximale Menge von Hexajodostannat, beobachtet wird, in der Reihenfolge

$$\text{HMPT} < \text{DMSO} < \text{DMF} < \text{TBP}$$

zu. In Tetrahydrofuran ist die Ionisation gering, und erst bei hohem Angebot nimmt die Neigung zur Autokomplexbildung zu. In Acetonitril ist eine Ionisation und allfällige Autokomplexbildung praktisch nicht nachweisbar.

Über den Grad der Lösungsmittelsubstitution in den komplexen Kationen lassen sich keine genauen Angaben machen. Die Stufe $[SnJ_3(EPD)_3]^+$ scheint ziemlich stabil zu sein, nur in verdünnten Zinn(IV)-jodid-Lösungen bei großem EPD-Angebot mit hoher Donizität geht der Abbau weiter, wie schon GAIZER und BECK[2] gezeigt haben.

---

[2] GAIZER, F., und M. T. BECK: J. Inorg. Nucl. Chem. **29**, 21 (1967).

3. Eisen(III)-chlorid

Bei Eisen(III)-chlorid ist ebenfalls Autokomplexbildung zu erwarten, doch ist die Fe-Cl-Bindung weniger leicht ionisierbar als die Zinn-Jod-Bindung in Zinn(IV)-jodid. In Dichloräthan läßt sich bei Zusatz verschiedener Elektronenpaardonoren die Bildung des nichtleitenden Adduktes erkennen; die Leitfähigkeit steigt erst nach Überschreiten des Molverhältnisses 1:1 an; dabei entstehen, wie die spektrophotometrischen Ergebnisse zeigen, $[FeCl_4]^-$-Ionen[3]:

$$EPD + FeCl_3 \rightleftharpoons EPD \cdot FeCl_3$$
$$2\,EPD \cdot FeCl_3 + n\,EPD \rightleftharpoons [(EPD)_{n+2}FeCl_2]^+[FeCl_4]^-$$

In sehr geringem Umfang dürfte eine derartige Komplexbildung schon in Nitrobenzol erfolgen; sie nimmt durch Zugabe stärkerer Elektronenpaardonoren zu. Die Leitfähigkeiten der EPD-FeCl$_3$-Systeme in Lösung von Nitrobenzol bei EPD-

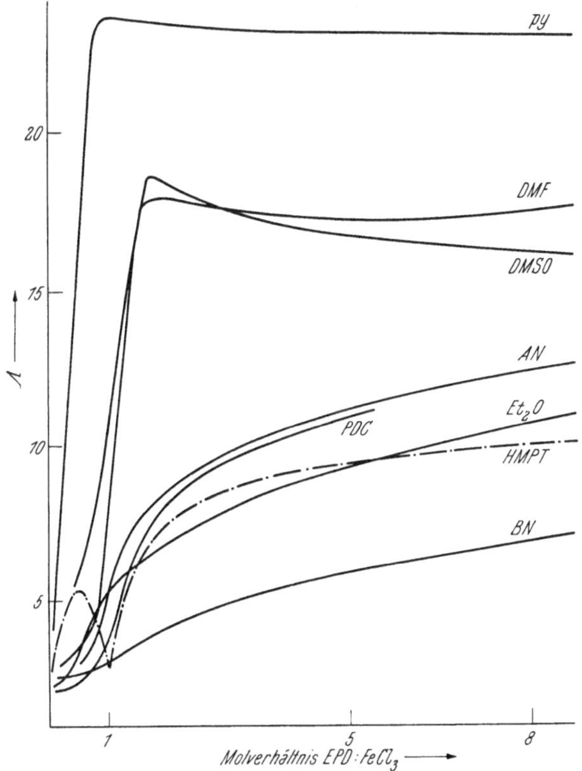

Abb. 35. Leitfähigkeitstitrationen von Eisen(III)-chlorid in Nitrobenzol mit neutralen Elektronenpaardonoren bei 25° C

Überschuß nehmen etwa entsprechend den Donizitäten der Elektronenpaardonoren zu; nur Hexamethylphosphoroxitriamid gibt viel schwächer leitende Lösungen als selbst Acetonitril (Abb. 35).

---

[3] GUTMANN V., und K. H. WEGLEITNER: Mh. Chem. **101**, 1532 (1970).

Bei Zugabe von Hexamethylphosphoroxitriamid zu einer Eisen(III)-chlorid-Lösung in Nitrobenzol nimmt die Leitfähigkeit bis zum Molverhältnis HMPT : FeCl$_3$ = 0,5 stark zu. Dies wird darauf zurückgeführt, daß Addukt, komplexes Kation und [FeCl$_4$]$^-$-Ion im Gleichgewicht vorliegen, also teilweise Autokomplexbildung eingetreten ist (Gleichung [4]). Das dabei entstehende komplexe Kation enthält vermutlich Nitrobenzol koordiniert.

$$2\,FeCl_3 + 2\,HMPT \; \rightleftharpoons \; 2\,FeCl_3 \cdot HMPT \qquad [1]$$
$$FeCl_3 \cdot HMPT \; \rightleftharpoons \; [FeCl_2(HMPT)]^+ + Cl^- \qquad [2]$$
$$Cl^- + FeCl_3 \cdot HMPT \; \rightleftharpoons \; [FeCl_4]^- + HMPT \qquad [3]$$
$$\overline{2\,FeCl_3 + HMPT \; \rightleftharpoons \; [FeCl_2(HMPT)]^+ + [FeCl_4]^-} \qquad [4]$$

Das Maximum der Leitfähigkeit ist entsprechend diesem Gleichungssystem bei einem Molverhältnis HMPT : FeCl$_3$ = 0,5 erreicht. Weiterer Hexamethylphosphoroxitriamidzusatz beeinflußt die Lage von Gleichgewicht [3], veranlaßt Umsetzung nach links, die dadurch entstehenden Chloridionen beeinflussen Gleichgewicht [2], so daß auch auf diesem Wege die Anzahl der Ionen zugunsten des neutralen Adduktes abnimmt. Das Minimum der Leitfähigkeit ist bei dem der Gleichung [1] entsprechenden Molverhältnis HMPT : FeCl$_3$ = 1 : 1 erreicht. Weiterer Hexamethylphosphoroxitriamidzusatz führt zu vollständigem Abbau des [FeCl$_4$]$^-$-Ions, welches bei noch größerem Angebot von Hexamethylphosphoroxitriamid nicht mehr nachweisbar ist. Hingegen steigt die Leitfähigkeit wieder an, da mit steigendem Hexamethylphosphoroxitriamidzusatz das Kation stabilisiert wird, wobei daneben Chloridionen gebildet werden:

$$FeCl_3 \cdot HMPT + n\,HMPT \; \rightleftharpoons \; [FeCl_{3-m}(HMPT)_{n+1}]^{m+} + m\,Cl^-$$

Diese Ionisation ist dem Betrag nach kleiner als die Autokomplexbildung in EPD-Lösungsmitteln geringerer Donizität. Bei diesen reicht die Donizität nicht mehr zur Ionisation des schwer ionisierbaren Eisen(III)-chlorids, wohl aber zu weitgehender Autokomplexbildung.

Schon bei geringem Angebot von Pyridin oder Dimethylsulfoxid herrscht Autokomplexbildung vor. Diese nimmt jedoch bei sehr hohem EPD-Überschuß etwas ab, wie aus dem leichten Absinken der Leitfähigkeiten hervorgeht; es folgt daher teilweise Abbau der Komplexionen. Ob diese durch gleichzeitig einsetzende Ionisation teilweise überlagert wird, läßt sich aus den vorliegenden Daten nicht ermitteln, liegt aber durchaus im Bereich der Möglichkeit, zumal diese Lösungsmittel stärker solvatisierende Eigenschaften für Anionen besitzen als Hexamethylphosphoroxitriamid.

Bei schwächeren Elektronenpaardonoren bewirken Überschüsse ein weiteres, leichtes Ansteigen der Leitfähigkeit, da die bei geringerem EPD-Zusatz nur teilweise erfolgende Autokomplexbildung hiedurch begünstigt wird. Eine Ionisation unter Bildung nichtkoordinierter Chloridionen erscheint in diesen Fällen unwahrscheinlich.

4. Bor(III)-halogenide

Auch Bor(III)-chlorid gibt eine nichtleitende Lösung in Nitrobenzol. Bei Zugabe eines neutralen EPD erfolgt ein deutliches Ansteigen der Leitfähigkeit[4]

---

[4] GUTMANN, V., und J. IMHOF: Mh. Chem. **101**, 1 (1970).

bis zum Molverhältnis EPD : $BCl_3 = 1:1$. Die zunächst entstehende Koordinationsverbindung EPD · BCl_3 wird zum Teil unter Autokomplexbildung ionisiert.

$$2\,EPD \cdot BCl_3 \; \rightleftharpoons \; [(EPD)_2BCl_2]^+ + [BCl_4]^-$$

lm System Ph_2POCl—BCl_3 stehen die Ergebnisse der KMR-Untersuchungen im Einklang mit dieser Annahme: Die ^{31}P-Spektren zeigen, daß neben freiem Ph_2POCl (δ_P —42,7 ppm) das Addukt $Ph_2POCl \cdot BCl_3$ (δ_P —61,2 ppm) und eine weitere Spezies (δ_P —64,2 ppm) vorliegt. Diese dürfte das komplexe Kation $[(Ph_2POCl)_2BCl_2]^+$ sein, da dieses Signal die kleinste Abschirmung hat und seine Intensität mit steigendem Zusatz an Bor(III)-chlorid auf Kosten derjenigen der beiden anderen Signale zunimmt.

Die molaren Leitfähigkeiten beim Molverhältnis 1 : 1 nehmen etwa entsprechend den Donizitäten der Phosphorylverbindungen zu:

$$PhPOF_2 < PhPOFCl < PhPOCl_2 < Ph_2POCl < HMPT$$

Nur Triphenylphosphinoxid zeigt ein abweichendes Verhalten: Die Leitfähigkeitskurve (Abb. 36) entspricht derjenigen des Systems HMPT—$FeCl_3$, und die

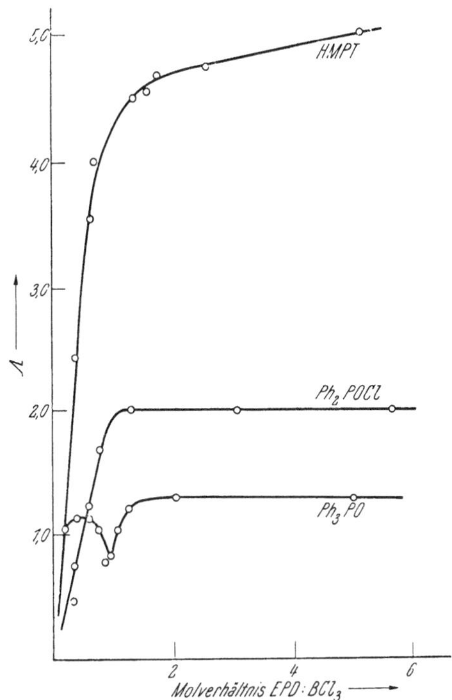

Abb. 36. Leitfähigkeitstitrationen von Bor(III)-chlorid in Nitrobenzol mit neutralen Elektronenpaardonoren bei 25° C

Leitfähigkeit ist geringer als diejenige mit dem schwächer als EPD fungierenden Ph_2POCl: Die bei geringem Zusatz von Triphenylphosphinoxid steil ansteigende Leitfähigkeit ist durch Autokomplexbildung bedingt:

$$Ph_3PO + 2\,BCl_3 \; \rightleftharpoons \; [Ph_3POBCl_2]^+ + [BCl_4]^-$$

Schon beim Überschreiten des Molverhältnisses EPD : $BCl_3 = 1 : 2$ sinkt die Leitfähigkeit stark ab. Nach Durchlaufen eines Leitfähigkeitsminimums bei $v = 1$ (bevorzugte Bildung des Adduktes) steigt die Leitfähigkeit, um sodann etwa konstant zu bleiben (Abb. 36): In diesem Bereich dürfte die Leitfähigkeit in erster Linie auf Ionisation beruhen:

$$Ph_3POBCl_3 \rightleftharpoons [Ph_3POBCl_2]^+ + Cl^-$$

oder

$$Ph_3POBCl_3 + Ph_3PO \rightleftharpoons [(Ph_3PO)_2BCl_2]^+ + Cl^-$$

Mit dem noch stärker koordinierenden Hexamethylphosphoroxitriamid erfolgt keine Autokomplexbildung, und schon bei geringem Hexamethylphosphoroxitriamidzusatz dürfte die Ionisation unter Bildung von Chloridionen vorherrschen:

$$BCl_3 + 2\,HMPT \rightleftharpoons [Cl_2B(HMPT)_2]^+ + Cl^-$$

In den Systemen $POCl_3$—BCl_3 und $PhPOCl_2$—BCl_3 erfolgt bei 25°C rascher intermolekularer Austausch von Bor(III)-chlorid, welcher bei den stärker als EPD fungierenden Phosphorylverbindungen nicht stattfindet[4].

Die KMR-Untersuchungen der BCl_3-Systeme mit Trimethylphosphat, Tributylphosphat und Phenylphosphoroxidifluorid zeigen weitere Reaktionen an: Die beiden Phosphorsäureester reagieren mit Bor(III)-chlorid (ähnlich wie mit verschiedenen Halogeniden der Übergangsmetalle) unter Chelatbildung und gleichzeitiger Abspaltung von Alkylchlorid.

Mit Bor(III)-fluorid und Phosphorylverbindungen entstehen neben den Addukten der Zusammensetzung $R_3PO \cdot BF_3$ auch solche der Zusammensetzung $R_3PO(BF_3)_2$. Die Gleichgewichtskonstanten $K_{EPD \cdot BF_3}$ für die Reaktionen

$$PhPOCl_2BF_3 + EPD \rightleftharpoons PhPOCl_2 + EPD \cdot BF_3; \quad K_{EPD \cdot BF_3}$$

nehmen mit der Donizität des neutralen EPD zu[5]. Die Leitfähigkeiten der Lösungen der Zusammensetzung EPD $\cdot$ BF_3 in Nitrobenzol beruhen auf der Anwesenheit der durch geringfügige Autokomplexbildung entstandenen Ionen[5]:

$$2\,EPD \cdot BF_3 \rightleftharpoons [(EPD)_2BF_2]^+ + [BF_4]^-$$

5. Antimon(V)-chlorid

Es ist bekannt, daß Antimon(V)-chlorid eine außerordentlich geringe Tendenz zur Ionisation durch nucleophilen Angriff von Elektronenpaardonoren zeigt. So bildet es mit zahlreichen, über den Sauerstoff koordinierenden EPD-Molekülen Addukte, in denen Antimon über den Sauerstoff koordiniert ist[6,7]. Im Addukt $Cl_3POSbCl_5$ ist der P-O-Bindungsabstand größer als im $POCl_3$-Molekül und der

[5] GUTMANN, V., und J. IMHOF: Inorg. Chem. Acta **4**, 171 (1970).
[6] LINDQVIST, I., und C. I. BRÄNDÉN: Acta Chim. Scand. **12**, 134 (1958).
[7] GUTMANN, V.: In „Halogen Chemistry", Ed. V. GUTMANN, Vol. II, S. 399, Academic Press, London-New York, 1967.

Sb-Cl-Bindungsabstand ebenfalls etwas größer als im $SbCl_5$-Molekül (Abb. 37). In zahlreichen nichtwäßrigen Lösungsmitteln werden diese Addukte nicht ionisiert, wie unter anderem die konduktometrischen Titrationen in Nitrobenzol

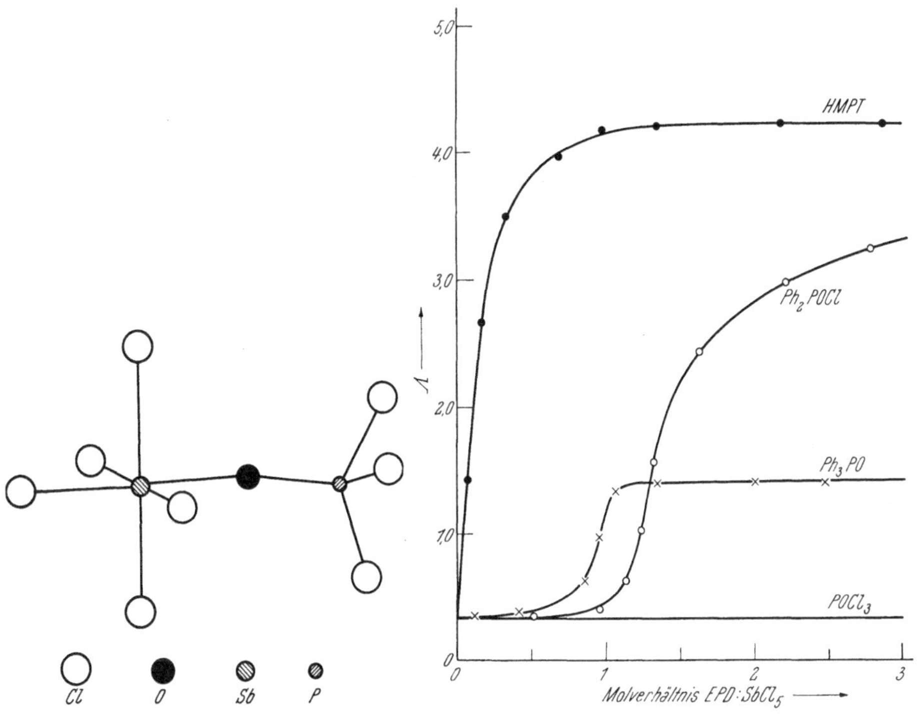

<table>
<tr><td>Abb. 37. Struktur des Moleküls
$SbCl_5 \cdot POCl_3$</td><td>Abb. 38. Leitfähigkeitstitrationen von Antimon(V)-chlorid in Nitrobenzol mit neutralen Elektronenpaardonoren bei 25° C</td></tr>
</table>

zeigen: Bei der Zugabe eines neutralen EPD mit einer Donizität kleiner als 15 ist praktisch keine Leitfähigkeit festzustellen; es ist auch gezeigt worden, daß Antimon(V)-chlorid in Acetonitril eine elektrisch kaum leitende Lösung gibt[8].

$$NB \cdot SbCl_5 + EPD \rightleftharpoons EPD \cdot SbCl_5 + NB$$

Selbst bei Zusatz eines stärkeren Elektronenpaardonors, z. B. Diphenyl-phosphoroxifluorid, Diphenylphosphoroxichlorid, Trimethylphosphat, Tributyl-phosphat oder Triphenylphosphinoxid, erfolgt bis zum Erreichen des Molverhältnisses $EPD : SbCl_5 = 1 : 1$ keine Erhöhung der geringen elektrischen Leitfähigkeit der Lösung, da das entstehende Addukt nicht ionisiert wird (Abb. 38).

Erst nach der vollständigen Bildung des neutralen Adduktes bedingt weiterer EPD-Zusatz ein Ansteigen der elektrischen Leitfähigkeit der Lösung, und zwar um so stärker, je höher die Donizität und je höher der Überschuß des Elektronen-paardonors ist. Die nun beobachtete elektrische Leitfähigkeit ist auf Autokomplex-bildung zurückzuführen:

$$2\,EPD \cdot SbCl_5 \rightleftharpoons [(EPD)_2SbCl_4]^+ + [SbCl_6]^-$$

[8] BEATTIE, I. R., R. J. JONES und M. WEBSTER: J. Chem. Soc. (A) **1969**, 218.

Nur mit Hexamethylphosphoroxitriamid erfolgt schon zu Titrationsbeginn ein
steiler Anstieg der Leitfähigkeit, welcher etwa beim Erreichen des Molverhältnisses HMPT : $SbCl_5 = 1 : 1$ verflacht (Abb. 38). Es zeigt dies, daß das neutrale
Addukt weniger stabil ist als die daraus entstehenden Ionen. Hexamethylphosphoroxitriamid ist als EPD stark genug, um die Sb-Cl-Bindung zu ionisieren,
und die entstehenden Chloridionen reagieren mit noch nicht ionisierten Einheiten,
so daß Autokomplexbildung erfolgt:

$$2\,HMPT + NB \cdot SbCl_5 \rightleftharpoons [(HMPT)_2SbCl_4]^+ + Cl^- + NB$$
$$NB \cdot SbCl_5 + Cl^- \rightleftharpoons [SbCl_6]^- + NB$$

Die Ergebnisse der kryoskopischen Untersuchungen sind im Einklang mit dieser
Annahme von Autokomplexbildung.

6. Arsen(III)- und Antimon(III)-halogenide

Arsen(III)-chlorid gibt keine Addukte mit Äther, wohl aber mit stärkeren
Elektronenpaardonoren wie Tributylphosphat, in dessen Lösungen auf Grund der
Ramanspektren auf 1:2-Addukte geschlossen wird[9]. In ihnen sind die Tributyl-
phosphatmoleküle an den Spitzen eines verzerrten Oktaeders und das einsame
Elektronenpaar an einer äquitorialen Position angeordnet[10]. Die ΔH-Werte
nehmen in der Reihenfolge

$$AsCl_3 < AsBr_3 < AsJ_3 \quad und \quad TBP < DMA < HMPT$$

zu[11]. Die Leitfähigkeiten in Hexamethylphosphoroxitriamid nehmen ebenfalls in
der Reihe

$$AsCl_3 < AsBr_3 < AsJ_3 \quad und \quad TBP < DMA < HMPT$$

entsprechend der Abnahme der Donizitäten der Halogenidionen und der Zunahme
der Donizitäten der EPD-Moleküle zu.

Tabelle 18. ΔH-*Werte* [kcal · mol⁻¹] *der Reaktionen* EPD + MX₃ *in*
Lösung von 1,2-Dichloräthan

MX₃ \\ EPD	HMPT	DMA	TBP
$AsCl_3$	−3,5	−1,3	−0,2
$AsBr_3$	−6,0	−4,0	−0,2
AsJ_3	−10,2	−6,9	−0,5
$SbCl_3$	−13,5	−8,6	−4,8
$SbBr_3$	−15,0	−7,4	−3,6
SbJ_3	−23,1	−7,6	−0,3

[9] DAVIES, J. E., und D. A. LONG: J. Chem. Soc. (A) **1968**, 1761.
[10] DAVIES, J. E., und D. A. LONG: J. Chem. Soc. (A) **1968**, 1757.
[11] GUTMANN, V., und H. CZUBA: Mh. Chem. **100**, 708 (1969).

Tabelle 19. *Molare Leitfähigkeiten in den Systemen* MX₃—HMPT,
*MX₃—DMA, MX₃—TBP (M = As, Sb; X = Cl, Br, J) bei molaren
Verhältnissen* MX₃ : EPD *von 1:1, 1:2 und 1:5 in 1,2-Dichloräthan
bei 25° C*

MX_3	System MX_3—HMPT		
	1 : 1	1 : 2	1 : 5
$AsCl_3$	6,2	9,0	9,8
$AsBr_3$	13,3	21,0	32,6
AsJ_3	18,0	26,2	34,1
$SbCl_3$	2,9	6,7	9,3
$SbBr_3$	7,8	13,5	15,7
SbJ_3	11,4	17,7	22,0
	System MX_3—DMA		
	1 : 1	1 : 2	1 : 5
$AsCl_3$	0,6	1,1	2,2
$AsBr_3$	2,1	4,0	7,6
AsJ_3	18,0	26,1	33,6
$SbCl_3$	2,2	3,3	4,5
$SbBr_3$	4,0	5,7	8,3
SbJ_3	10,4	15,8	20,0
	System MX_3—TBP		
	1 : 1	1 : 2	1 : 5
AsJ_3	0,6	1,2	2,8

Bei Arsen(III)-jodid sind jedoch die Leitfähigkeiten mit Dimethylacetamid und
Hexamethylphosphoroxitriamid etwa gleich groß (Tab. 19). Abb. 39 zeigt ferner,

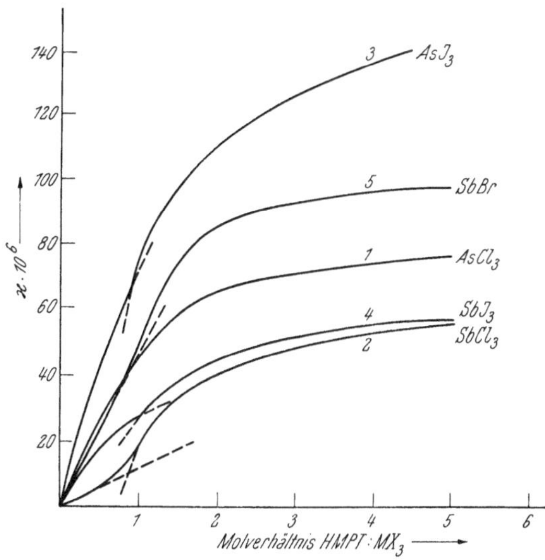

Abb. 39. Leitfähigkeitstitrationen von Arsen(III)-halogeniden und Antimon(III)-halogeniden
mit HMPT in Nitrobenzol bei 25° C. (Bei Kurve 5 lese man: SbBr₃)

daß bei den Titrationen von Antimon(III)-chlorid, Arsen(III)-jodid und
Antimon(III)-jodid mit Hexamethylphosphoroxitriamid etwa beim Molverhält-

nis 1 : 1 Wendepunkte im Verlauf der Titrationskurven auftreten. Bei den Jodidionen steigen die Leitfähigkeitskurven erst steiler, dann flacher und oberhalb des Molverhältnisses 1 : 1 wieder steiler an, um dann zu verflachen. Dies erinnert an die schon beschriebenen Verhältnisse bei Zinn(IV)-jodid-Lösungen.

Man hat daher anzunehmen, daß die Chloride und Bromide in EPD-Lösungsmitteln unter Autokomplexbildung ionisiert werden, vermutlich in erster Linie entsprechend der Gleichung:

$$2\,AsX_3(EPD) \;\rightleftharpoons\; [AsX_2(EPD)_2]^+ + [AsX_4]^-$$

Die Jodide reagieren mit Hexamethylphosphoroxitriamid nur bei geringem Hexamethylphosphoroxitriamidzusatz entsprechend obiger Gleichung. Beim Überschreiten des Molverhältnisses 1:1 entstehen aus $[AsJ_4]^-$-Einheiten Jodidionen.

$$[AsJ_4]^- + HMPT \;\rightleftharpoons\; AsJ_3(HMPT) + J^-$$
$$AsJ_3(HMPT) + HMPT \;\rightleftharpoons\; [AsJ_2(HMPT)_2]^+ + J^-$$

Auch mit zweizähnigen starken EPD-Molekülen erfolgt analoge Ionisation. Die Addukte von Arsen(III)-halogeniden mit 2,2′-Bipyridyl geben in Nitrobenzol gut leitende Lösungen[12],

$$AsX_3 + bipy \;\rightleftharpoons\; [AsX_3(bipy)] \;\rightleftharpoons\; [AsX_2(bipy)]^+ + X^-$$

ähnlich wie das aus Arsen(III)-jodid und o-Phenylenbis(dimethylamin) gebildete Addukt[13].

---

[12] ROPER, W. R., und C. J. WILKINS: Inorg. Chem. **3**, 510 (1964).
[13] SUTTON, G. J.: Australian J. Chem. **11**, 420 (1958).

Kapitel X

Kinetik rasch verlaufender Reaktionen in koordinierenden Lösungsmitteln

1. Wäßrige Lösungen

EIGEN und Mitarbeiter[1-3] haben gezeigt, daß die Substitutionsgeschwindigkeit an hydratisierten Metallionen von der Natur des Substituenten kaum beeinflußt wird. Der Geschwindigkeitskoeffizient k_{12} der Reaktion

$$[M(OH_2)_m]^{n+} + EPD \xrightarrow{k_{12}} [M(OH_2)_{m-1}EPD]^{n+} + H_2O$$

hängt in erster Linie von der Elektronenkonfiguration und vom Radius des Metallions ab (Abb. 40). Trägt man den Reziprokwert des Ionenradius des Metallions gegen den Geschwindigkeitskoeffizienten k_{12} der Substitutionsreaktion auf, so

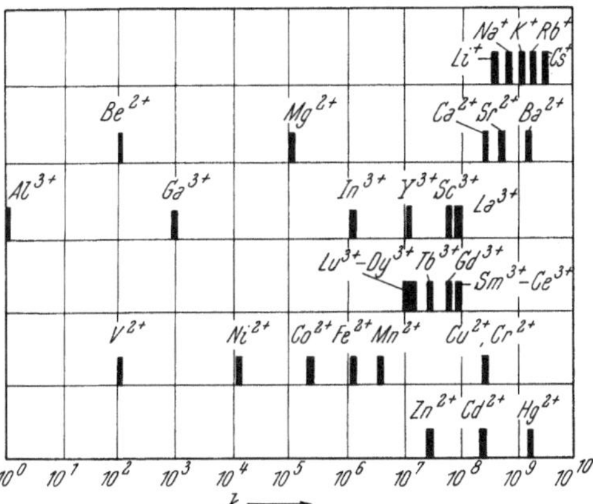

Abb. 40. Geschwindigkeiten für die Substitution von Hydratwassermolekülen an verschiedenen Metallkationen bei 25° C

erhält man jeweils für eine Gruppe von Ionen analoger Elektronenkonfiguration, z. B. Alkali- oder Erdalkalimetallionen, eine Gerade[4-6]. Bei d-Ionen auftretende Abweichungen werden auf die Ligandenfeldstabilisierung, den Jahn-Teller-Effekt

[1] EIGEN, M., und G. MAAS: Z. phys. Chem. N. F. **49**, 163 (1966).
[2] CZERLINSKI, G., H. DIEBLER und M. EIGEN: Z. phys. Chem. N. F. **19**, 246 (1959).
[3] EIGEN, M., und K. TAMM: Z. Elektrochem. **66**, 93, 107 (1962).
[4] EIGEN, M.: Z. Elektrochem. **64**, 115 (1960).
[5] EIGEN, M., und R. G. WILKINS: Adv. Chem. **49**, 55 (1965).
[6] EIGEN, M.: Pure and Applied Chem. **6**, 97 (1963).

und die effektive Ionenladung zurückgeführt[7]. So ist z. B. der Geschwindigkeitskoeffizient für das hydratisierte Cu^{2+}-Ion um drei Größenordnungen höher als für andere Übergangsmetallionen, da zufolge des Jahn-Teller-Effektes die Bindungsabstände zwischen Metallion und den beiden Wassermolekülen in axialen Positionen deutlich größer sind als diejenigen der vier Wassermoleküle, welche in äquatorialen Positionen untergebracht sind[8].

Da die Hydratationsenthalpie eines Metallions von allen genannten Faktoren abhängt, erhält man ebenfalls annähernd eine Gerade, wenn man die Hydrata-

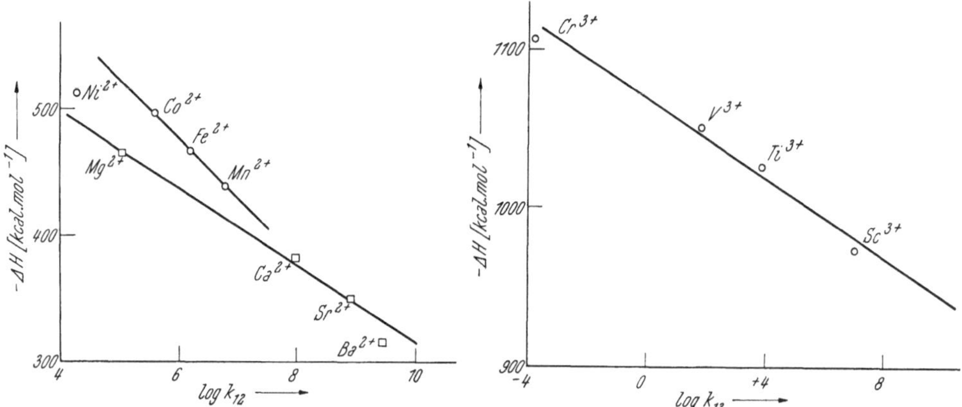

Abb. 41. Geschwindigkeiten für die Substitution von Hydratwassermolekülen an verschiedenen Metallkationen bei 25° C in Abhängigkeit von der Hydratationsenthalpie

Abb. 42. Geschwindigkeiten für die Substitution von Hydratwassermolekülen an verschiedenen Ionen von Übergangsmetallen bei 25° C in Abhängigkeit von der Hydratationsenthalpie

tionsenthalpien gegen die Geschwindigkeitskoeffizienten k_{12} aufträgt (Abb. 41 und 42): Die Substitutionsgeschwindigkeit ist um so höher, je schwächer die Hydratbindung am Metallion ist[9].

Wenn diese Beziehung allgemein gilt, dann müßte beim Vergleich der Geschwindigkeitskoeffizienten einer Reaktion in Lösungsmitteln unterschiedlicher EPD-Eigenschaften eine Abhängigkeit von der Solvatationsenthalpie im betreffenden Lösungsmittel auftreten.

2. Nichtwäßrige Lösungen

Kinetische Messungen mit Hilfe der Temperatursprungmethode haben gezeigt, daß für die Reaktionen der Lösungen von Antimon(V)-chlorid mit Triphenylchlormethan in verschiedenen EPD-Lösungsmitteln eine Beziehung zwischen dem Geschwindigkeitskoeffizienten k_{12} und der Donizität des Lösungsmittels besteht:

$$(EPD)MCl_n + Ph_3CCl \underset{k_{21}}{\overset{k_{12}}{\rightleftarrows}} [Ph_3C]^+[MCl_{n+1}]^- + EPD$$

---

[7] BASALO, F., und R. G. PEARSON: „Mechanism of Inorganic Reactions", John Wiley and Sons, Inc. 1967, S. 88.

[8] EIGEN, M.: Proc. VII. I. C. C. C., Stockholm, 1962.

[9] GUTMANN, V., und R. SCHMID, Mh. Chem., **102**, 798 (1971).

Es wurde schon früher gezeigt, daß der Logarithmus der Gleichgewichtskonstante dieses Ionisationsgleichgewichtes[10, 11] der Donizität des EPD-Lösungsmittels umgekehrt proportional ist (Seite 82).

Abb. 43 und Tab. 20 zeigen, daß der Logarithmus des Geschwindigkeitskoeffizienten k_{12} der Donizität des Lösungsmittels proportional ist. Die Reaktionsgeschwindigkeit nimmt mit abnehmender Stärke der Solvatbindung zu. Eine

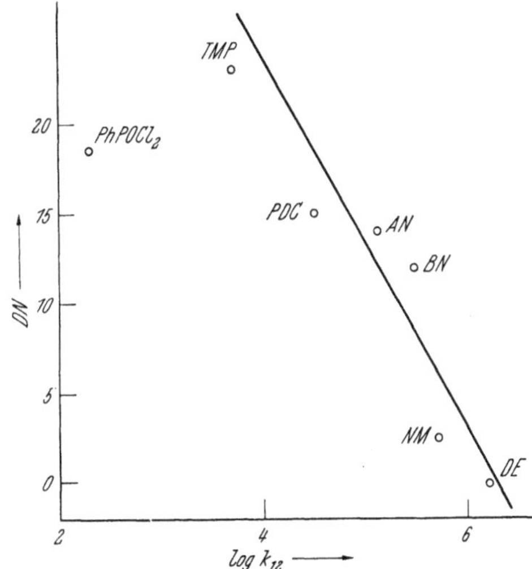

Abb. 43. log k_{12} für die Reaktion
$Ph_3CCl + SbCl_5 \rightarrow [Ph_3C]^+[SbCl_6]^-$
in Abhängigkeit von der Donizität des EPD-Lösungsmittels

Ausnahme stellt Phenylphosphoroxidichlorid dar, wo k_{12} wesentlich niedriger ist. Die hohe Viskosität (4,1 cP) könnte dafür verantwortlich sein.

Die Geschwindigkeitskoeffizienten der in entgegengesetzter Richtung verlaufenden Reaktionen k_{21} werden hingegen vom Lösungsmittel nur wenig beeinflußt (Tab. 20). Aus dem entscheidenden Einfluß des Lösungsmittels auf die Geschwindigkeitskonstante der Hinreaktion folgt, daß die Lösung der MCl_n-Solvensbindung

Tabelle 20. *Bruttokonstante für das System* $SbCl_5$—Ph_3CCl *in verschiedenen EPD-Lösungsmitteln*

EPD-Solvens	DN	Viskosität 20° C [cP]	k_{12} [l · mol^{-1} s^{-1}]	k_{21} [s^{-1}]	$K_{[SbCl_6]^-}$ kinetisch	spektrophotometrisch
DÄ		0,955	$1{,}7 \cdot 10^6$	5	$3{,}5 \cdot 10^5$	$>10^5$
NM	2,7	0,744	$4{,}2 \cdot 10^5$	3	$1{,}4 \cdot 10^5$	$>10^5$
BN	11,9	1,316	$3{,}3 \cdot 10^5$	10	$3{,}3 \cdot 10^4$	
AN	14,1	0,462	$1{,}7 \cdot 10^5$	17,5	$1{,}1 \cdot 10^4$	10^5
PDC	15,1	2,83	$3{,}4 \cdot 10^4$	26,4	$1{,}3 \cdot 10^3$	$3 \cdot 10^2$
PhPOCl₂	18,5	4,10	$1{,}9 \cdot 10^2$	2	$9{,}6 \cdot 10^1$	$4 \cdot 10^1$
TMP	23,0	2,32	$5{,}1 \cdot 10^3$	$6{,}5 \cdot 10^2$	$7{,}8 \cdot 10^0$	$2 \cdot 10^0$

[10] GUTMANN, V., und E. WYCHERA: Inorg. Nucl. Chem. Letters 2, 257 (1966).
[11] GUTMANN, V.: „Coordination Chemistry in Non-Aqueous Solutions", Springer-Verlag, Wien-New York, 1968.

der geschwindigkeitsbestimmende Schritt ist, daß also die Substitutionsgeschwindigkeit nach einem S_N1-Mechanismus erfolgt. Der geringfügige Einfluß des Lösungsmittels auf die Rückreaktion deutet darauf hin, daß hier die Abspaltung des Chloridions als der geschwindigkeitsbestimmende Schritt anzusehen ist. Auffallend ist der hohe k_{21}-Wert in Trimethylphosphat, möglicherweise zufolge einer Änderung des Mechanismus von S_N1 nach S_N2.

Die Übereinstimmung der spektrophotometrisch und kinetisch ermittelten Gleichgewichtskonstanten ist zufriedenstellend (Tab. 20). Nur in Dichloräthan und Nitromethan ist die Gleichgewichtskonstante $K_{[SbCl_6]^-}$ wesentlich niedriger, als auf Grund der Beziehung $DN - \log K_{[SbCl_6]^-}$ zu erwarten wäre (Abb. 44). Hie-

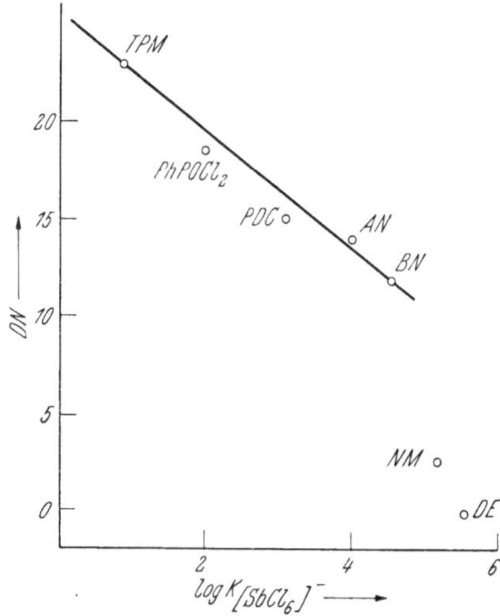

Abb. 44. Beziehung zwischen Donizität des Lösungsmittels und $\log K_{[SbCl_6]^-}$ für die Reaktion
$$Ph_3CCl + SbCl_5 \rightleftharpoons [Ph_3C]^+[SbCl_6]^-$$

für dürfte das bei den Relaxationsmessungen beobachtbare zusätzliche Gleichgewicht verantwortlich sein, welches den Abbau von assoziierten Antimon(V)-chlorid-Molekülen regelt:

$$(SbCl_5)_n \rightleftharpoons n\,SbCl_5$$

Nach ramanspektrographischen Befunden[12] liegen im festen Antimon(V)-chlorid Molekülassoziate vor. Polymere Einheiten werden auch in Lösungen von Eisen(III)-chlorid in Nitromethan[13] sowie in Lösungen von Antimon(V)-chlorid, Eisen(III)-chlorid und Aluminiumchlorid in Phosphoroxichlorid[14,15] aufgefunden. Die Reaktion des Aluminiumchlorids mit Antimon(V)-chlorid in Phosphoroxichlorid wird folgendermaßen wiedergegeben:

$$AlCl_3 + n\,SbCl_5 \rightleftharpoons [AlCl_{3-n}]^{n+} + n\,[SbCl_6]^-$$

Da die Relaxationskurven in den Systemen $SbCl_5$—$AlCl_3$—Ph_3CCl—DÄ und $AlCl_3$—Ph_3CCl—DÄ identisch sind, ist anzunehmen, daß auch im zuletzt genannten

[12] DeMaine, P.A.D., und E. Koubek: J. Inorg. Nucl. Chem. **11**, 329 (1959).
[13] Pocker, Y.: J. Chem. Soc. **1958**, 240.
[14] Gutmann, V., und M. Baaz: Mh. Chem. **90**, 729 (1959).
[15] Baaz, M., und V. Gutmann: Mh. Chem. **90**, 426 (1959).

System Aluminium enthaltende Kationen vorliegen, wie dies auch in Acetonitril in Bereichen geringerer Konzentration der Fall ist[16]:

$$3\ Al_2Cl_6 + 3n\,AN$$
$$\updownarrow$$
$$3\ Al_2Cl_6(AN)_n\quad (n = 2, 3, 4)\qquad > 10^{-2}\ \text{M}$$
$$\updownarrow$$
$$2\ [Al_2Cl_5(AN)_m]^+[AlCl_4]^-$$
$$\updownarrow\qquad\qquad\qquad\qquad 10^{-2}\ \text{bis}\ 10^{-3}\ \text{M}$$
$$3\ [AlCl_2(AN)_4]^+[AlCl_4]^-$$
$$\updownarrow\qquad\qquad\qquad\qquad < 10^{-3}\ \text{M}$$
$$6\ [AlCl_2(AN)_4]^+Cl^-$$

In Dichloräthan sind die Relaxationszeiten der Systeme von Triphenylchlormethan und Aluminiumchlorid ähnlich wie diejenigen der Systeme von Triphenylchlormethan mit Antimon(V)-chlorid, Gallium(III)-chlorid und Eisen(III)-chlorid. Sie liegen auch in demselben Zeitbereich in Lösungsmitteln höherer Donizität wie Benzonitril, Acetonitril, Propandiolcarbonat oder Trimethylphosphat.

T-Sprung-Versuche an einer Eisen(III)-chlorid-Lösung in 1,2-Dichloräthan (ohne Triphenylchlormethan) zeigen das Vorliegen eines Gleichgewichtes, in dem $[FeCl_4]^-$-Ionen auftreten. Demnach liegen in verdünnten Lösungen polymere Einheiten vor, welche mit abnehmender Konzentration stärker abgebaut werden. Diese stehen im Gleichgewicht mit Metallchloroniumionen, welche durch koordinierte EPD-Lösungsmittelmoleküle stabilisiert sind:

$$(AlCl_3)_n + \frac{n}{2}\ m\,EPD \rightleftharpoons \frac{n}{2}\ [AlCl_2(EPD)_m]^+[AlCl_4]^-$$

$$(SbCl_5)_n + \frac{n}{2}\ m\,EPD \rightleftharpoons \frac{n}{2}\ [SbCl_4(EPD)_m]^+[SbCl_6]^-$$

---

[16] Schmid, R., und V. Gutmann: Mh. Chem., **102**, 806 (1971).

Kapitel XI

Charge-Transfer-Komplexe

1. Allgemeines

Wir haben gesehen, daß die Ionisation eines neutralen Moleküls entweder durch EPD-EPA-Wechselwirkung oder durch ED-EA-Wechselwirkung ausgelöst wird (Seite 51 ff. und Seite 77 ff.).

Bei der durch EPD-EPA-Wechselwirkung eingeleiteten Ionisation (Kapitel VI, Seite 51 ff.) verursacht entweder der nucleophile Angriff eines Elektronenpaardonors oder der elektrophile Angriff eines Elektronenpaaracceptors jenen Elektronenschub, der die kovalente Bindung so weit polarisiert, daß es zur Ladungstrennung und damit zur Ionenbildung kommt. Nach der zunächst erfolgten EPD-EPA-Wechselwirkung kommt es zur Funktionsumkehr, und die ED-EA-Wechselwirkung vollzieht die zur Ionisation erforderliche Elektronenübertragung entlang der Bindungsachse. Ist die auslösende EPD-EPA-Wechselwirkung nur schwach, so kommt es wohl zur Polarisation der Bindung, nicht aber zur Ladungstrennung. Es ist eine Molekülverbindung, ein sogenannter Charge-Transfer-Komplex, entstanden[1,2].

Bei der durch ED-EA-Wechselwirkung eingeleiteten Ionisation (Kapitel VII) erfolgt zuerst der Übergang eines Elektrons zwischen den Reaktionspartnern, so daß Ionen entstehen, welche in Lösung durch nachfolgende EPD-EPA-Wechselwirkung stabilisiert werden. Führt die ED-EA-Wechselwirkung nur zu teilweiser Ladungsverschiebung zwischen den beiden Elektronenhüllen und treten weiters EPA-EPD-Wechselwirkungen hinzu, so ist das Ergebnis abermals eine Molekülverbindung[1, 2].

Wir können auch sagen, eine Molekülverbindung ist das Resultat der Wechselwirkung zwischen zwei neutralen Reaktionspartnern, deren zuerst ausgeübte Funktionen nicht ausreichen, um eine Trennung in Ionen herbeizuführen.

Daher ergeben sich nach der dynamischen Beschreibung der chemischen Funktionsfolge neue Gesichtspunkte für die Betrachtung und Klassifizierung von Molekülverbindungen zwischen Neutralmolekülen[2]: Ähnlich wie bei der Ionisation wird je nach der Art der bei der Einleitung der Reaktion erfolgenden Funktionsausübung unterschieden zwischen Molekülverbindungen, deren Bildung eingeleitet wird

a) durch EPD-EPA-Wechselwirkung und

b) durch ED-EA-Wechselwirkung.

---

[1] GUTMANN, V., und U. MAYER: Rev. Chim. Min.. im Druck.

[2] GUTMANN, V.: Allg. Prakt. Chem. **21**, 289 (1970).

Wie auch bei der Ionisation in Lösung wird die Bildung der überwiegenden Zahl der Molekülverbindungen durch EPD-EPA-Wechselwirkung eingeleitet.

Die Heranziehung von Moleküleigenschaften der isolierten Reaktionspartner zur Charakterisierung der Charge-Transfer-Komplexe ist nur dann statthaft, wenn entweder

die EPD-EPA-Wechselwirkung allein oder
die ED-EA-Wechselwirkung allein

die Gesamtreaktion maßgeblich bestimmt[1].

Im ersten Fall wird bei gegebenem EPA eine entscheidende Rolle der Donizität des EPD zukommen und im zweiten Fall der Ionisierungsenergie I_D des ED und der Elektronenaffinität E_A des EA.

Die funktionelle Betrachtungsweise von Charge-Transfer-Komplexen ist auf alle Gruppen von Charge-Transfer-Komplexen anwendbar; sie ist unabhängig von der Beteiligung verschiedenartiger Energiebeiträge an der Gesamtwechselwirkungsenergie (Van der Waalssche Energie, Elektronenaustauschenergie zweiter oder höherer Ordnung, kovalente Austauschenergie). Sie stellt die Bedeutung kovalenter Bindungsanteile in den Vordergrund und betrachtet den Komplex als Ganzes, d. h. sie beschränkt sich nicht auf die Betrachtung der entstehenden Bindung zwischen den Reaktionspartnern.

Maßgebend für das Ausmaß der Wechselwirkung speziell für die Komplexbildungsenthalpie ΔH sind Konfiguration und Elektronendichte der in Wechselwirkung tretenden Orbitale sowie die Polarisierbarkeiten der benachbarten Bindungen[1].

Die nach BRIEGLEB als Elektronen-Donator—Acceptor- oder kurz als EDA-Molekülverbindungen bezeichneten Komplexe[3] sind meist durch relativ große intermolekulare Bindungsabstände ($\approx 2,8$ bis $3,5$ Å) charakterisiert. Charakteristisch für diese Komplexe ist das Auftreten einer (unter Umständen aufgespaltenen) Bande im UV oder im kurzwelligen Teil des sichtbaren Spektralbereiches, die auf einen Ladungsübergang vom Donor auf den Acceptor zurückgeführt und als Charge-Transfer-Bande (Energie: $h\nu_{CT}$) bezeichnet wird[3-7].

Das Zustandekommen der Bindung wird nach MULLIKENs Theorie[4-7] auf Elektronenaustauschvorgänge zweiter oder höherer Ordnung (Resonanzenergie R_N) und zusätzliche Van der Waalssche Energiebeiträge W_0 zurückgeführt; kovalente Wechselwirkungen werden in dieser Theorie als geringfügig erachtet und vernachlässigt[4-7].

Folgende Typen von Charge-Transfer-Komplexen lassen sich in Anlehnung an die Bezeichnungsweise von MULLIKEN-BRIEGLEB unterscheiden:

$$n\text{-EPD}-\sigma\text{-EPA} \qquad\qquad n\text{-EPD}-\pi\text{-EPA}$$
$$\sigma\text{-EPD}-\sigma\text{-EPA} \qquad\qquad \pi\text{-EPD}-\sigma\text{-EPA}$$
$$\pi\text{-EPD}-\pi\text{-EPA} \qquad\qquad \sigma\text{-EPD}-\pi\text{-EPA}$$

---

[3] BRIEGLEB, G.: „Elektronen-Donator-Acceptor-Komplexe", Springer-Verlag, Berlin-Göttingen-Heidelberg, 1961.

[4] MULLIKEN, R. S.: J. Am. Chem. Soc. **72**, 600 (1950).

[5] MULLIKEN, R. S.: J. Chem. Phys. **19**, 514 (1951).

[6] MULLIKEN, R. S.: J. Am. Chem. Soc. **74**, 811 (1952).

[7] MULLIKEN, R. S.: J. Phys. Chem. **56**, 801 (1952).

Die von MULLIKEN vorgeschlagene Einteilung der Acceptoren und Donoren ist eine rein phänomenologische, vom isolierten Molekül hergeleitete. Eine Einteilung nach dem Typ der errichteten Bindung wäre anzustreben, läßt sich aber wegen der mangelhaften Kenntnisse über Struktur der Komplexe bzw. Bindungsmechanismen nicht streng durchführen. Eine solche hätte zur Folge, daß ein Acceptor einmal als σ- und das andere Mal als π-Acceptor aufzufassen wäre. So wäre z. B. Schwefeldioxid bei der Reaktion mit neutralen n-Donoren (wie Methanol oder Äther) als σ-Acceptor anzusprechen, aber bei der Komplexbildung mit Aromaten als π-Acceptor im engeren Sinne (Errichtung einer π-EPD-EPA-Bindung) zu bezeichnen. Nach MULLIKEN wird Schwefeldioxid jedoch generell als π-Acceptor bezeichnet.

Die Komplexbildungsenthalpie ΔH für die Bildung eines Charge-Transfer-Komplexes ist nach MULLIKEN gegeben durch:

$$\Delta H = R_N + W_0$$

R_N Resonanzenergie der Mesomerie zwischen ionischen und nichtionischen Anteilen des Molekülgrundzustandes

W_0 Summe der van der Waalsschen Energiebeiträge

R_N steht mit der Elektronenüberführungsenergie $h\nu_{CT}$ bzw. dem Ionisierungspotential I_D der Donorkomponente und der Elektronenaffinität E_A der Acceptorkomponente im Zusammenhang*. Es ist daher wiederholt versucht worden[3], Zusammenhänge zwischen Stabilität der Komplexe, charakterisiert durch Bildungsenthalpie ΔH, bzw. freie Bildungsenthalpie ΔG, und Ionisierungspotential I_D bzw. Charge-Transfer-Energie $h\nu_{CT}$ aufzuzeigen.

Die Energie $h\nu_{CT}$ des Ladungsüberganges wurde in Beziehung gesetzt zum Ionisierungspotential I_D des Elektronendonors und zur Elektronenaffinität E_A des Elektronenacceptors, und in vereinfachter Form wiedergegeben durch die Gleichung[8]

$$h\nu_{CT} = I_D - E_A + \text{const}$$

Bei der Heranziehung dieser Moleküleigenschaften dürfen jedoch nur Verbindungen vom gleichen Bindungs- und Konstitutionstyp verglichen werden, und es dürfen z. B. sterische Faktoren nicht entscheidend sein. Das Ionisierungspotential I_D ist definiert als jene Energie, welche erforderlich ist, um das Elektron aus dem

Tabelle 21. *Ionisierungspotentiale einiger EPD-Moleküle*

EPD	I_D [eV]	EPD	I_D [eV]
Trimethylamin	7,8	Ammoniak	10,2
Pyridin	7,9	Hexan	10,4
Xylol	8,3	Äthanol	10,5
Benzol	9,2	Dichlormethan	11,3
Diäthyläther	9,5	Chloroform	11,4
Aceton	9,7	Tetrachlorkohlenstoff	11,5
Schwefelkohlenstoff	10,1	Wasser	12,6
Äthylacetat	10,1		

---

* Bei den meisten Charge-Transfer-Komplexen ist E_A des Acceptors erheblich kleiner als I_D des Donors.

[8] MULLIKEN, R. S., und W. B. PERSON: Ann. Rev. Phys. Chem. **13**, 107 (1962).

gasförmigen Atom oder Molekül in unendliche Entfernung zu bringen. Bei der EPD-EPA-Wechselwirkung bleiben aber beide Elektronen innerhalb des Moleküls, und es kommt nicht zur Ablösung derselben. Daher können koordinationschemisch sehr verschiedenartig wirkende EPD-Moleküle ähnliche Werte für die Ionisierungspotentiale haben wie z. B. die Paare Pyridin und Xylol oder Hexan und Äthylalkohol.

Im folgenden sei an Hand einiger Beispiele die Mullikensche Betrachtungsweise der funktionellen Beschreibung gegenübergestellt.

2. Durch EPD-EPA-Wechselwirkungen eingeleitete Komplexbildung

a) n-EPD—σ-EPA

Trifluorjodmethan enthält eine polarisierte J-C-Bindung, deren positiver Partner (zufolge des starken Elektronenzuges der CF_3-Gruppe) das Jodatom ist:

$$\overset{\delta+}{J} - \overset{\delta-}{CF_3}$$

Die tensimetrische Verfolgung der Reaktionen mit nucleophil am Jodatom angreifenden neutralen Elektronenpaardonoren zeigt, daß die ΔH-Werte mit zunehmender Donizität des EPD ansteigen[9].

Bei Ausübung der EPA-Funktion durch das Jodatom wird seine Elektronenpopulation erhöht und somit die EPD-Funktion ausgelöst. Das Ausmaß der hie-

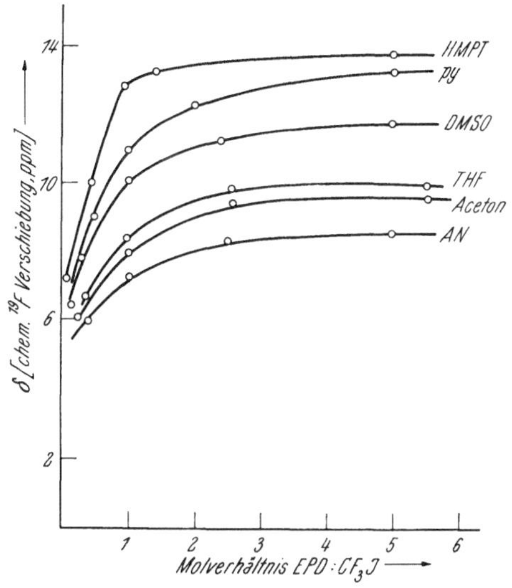

Abb. 45. ^{19}F-chemische Verschiebung in JCF_3 in Abhängigkeit vom Zusatz neutraler Elektronenpaardonoren bei 25° C (δ in ppm, bezogen auf JCF_3 als externen Standard)

durch induzierten Polarisation der J-CF_3-Bindung richtet sich wesentlich nach der Donizität des angebotenen EPD. Abb. 45 zeigt die Veränderung der chemischen Verschiebung von ^{19}F bei der Titration des Trifluorjodmethans mit verschiedenen

[9] SPAZIANTE, P. V., und V. GUTMANN: Inorg. Chim. Acta, im Druck.

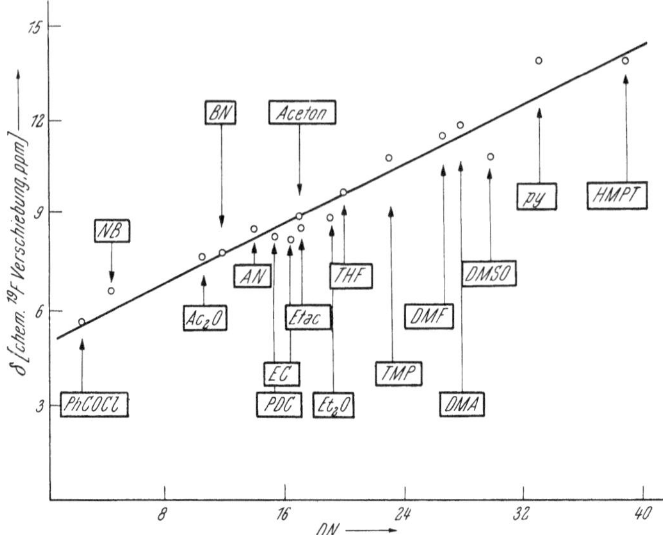

Abb. 46. ^{19}F- chemische Verschiebung in JCF$_3$ in Abhängigkeit von der Donizität des Lösungsmittels (δ in ppm, bezogen auf JCF$_3$ als externen Standard)

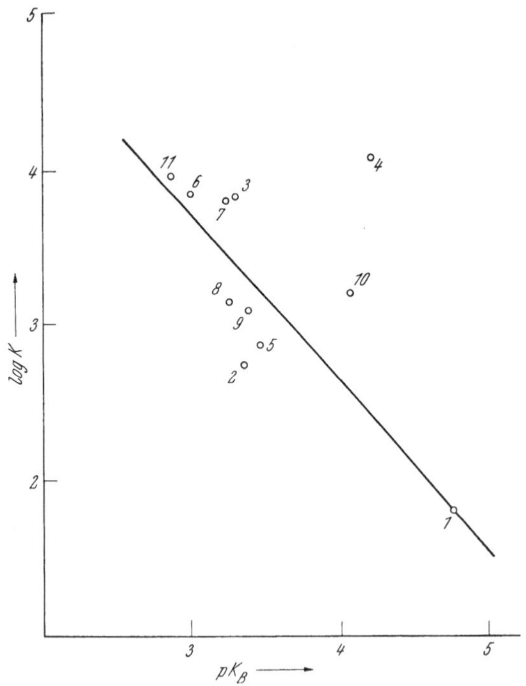

Abb. 47. Zusammenhang zwischen Bildungskonstante K für die Komplexbildung verschiedener Amine mit Jod in n-Heptan und der Basenkonstante K$_B$ in Wasser

1 Ammoniak	*5* Äthylamin	*9* n-Butylamin
2 Methylamin	*6* Diäthylamin	*10* Tri-n-butylamin
3 Dimethylamin	*7* Triäthylamin	*11* Piperidin
4 Trimethylamin	*8* Tri-n-propylamin	

neutralen Elektronenpaardonoren in Nitromethan. Die chemische Verschiebung nimmt mit steigender Donizität des EPD zu, und die endgültigen Werte werden bei um so geringerem EPD-Überschuß erhalten, je höher die Donizität des EPD ist.

Abb. 46 zeigt, daß in den Lösungen von Trifluorjodmethan in den verschiedenen Lösungsmitteln der δ-Wert eine lineare Funktion der Donizität des EPD darstellt[9]. Dies bedeutet, daß die EPD-EPA-Wechselwirkung auch maßgeblich ist für das Ausmaß der durch sie ausgelösten Funktionsumkehr am Jodatom: Je stärker die EPD-Funktion des nucleophil am Jodatom angreifenden Reaktions-

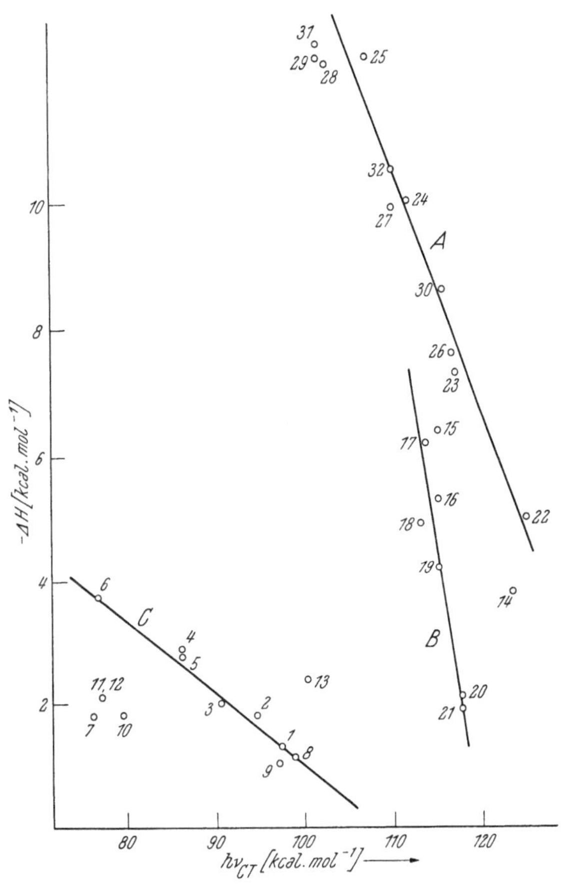

Abb. 48. Zusammenhang zwischen Komplexbildungsenthalpie ΔH und Charge-Transfer-Energie $h\nu_{CT}$ für die Komplexbildung von Jod mit verschiedenen EPD

1 Benzol	*12* 2-Methylnaphthalin	*23* Methylamin
2 Toluol	*13* Cyclohexan	*24* Dimethylamin
3 o-Xylol	*14* Propylenoxid	*25* Trimethylamin
4 Mesitylen	*15* Trimethylenoxid	*26* Äthylamin
5 Durol	*16* Tetrahydrofuran	*27* Diäthylamin
6 Hexamethylbenzol	*17* 2-Methyltetrahydrofuran	*28* Triäthylamin
7 Hexaäthylbenzol	*18* Tetrahydropyran	*29* Tri-n-propylamin
8 Chlorbenzol	*19* Diäthyläther	*30* n-Butylamin
9 o-Dichlorbenzol	*20* Äthanol	*31* Tri-n-butylamin
10 Naphthalin	*21* Methanol	*32* Piperidin
11 1-Methylnaphthalin	*22* Ammoniak	

partners, um so stärker ist die vom Jodatom ausgelöste ED-Funktion und um so größer die Zunahme der Elektronendichte an der CF_3-Gruppe. Unter Ausschluß von Licht sind Lösungen in Nitrobenzol auch bei Gegenwart eines starken EPD, wie Hexamethylphosphoroxitriamid, Nichtleiter des elektrischen Stromes.

Je stärker die auslösende EPD-EPA-Wechselwirkung, um so größer ist das Ausmaß des induzierten Reaktionsschrittes des Elektronenschubes zur CF_3-Gruppe. Ein unmittelbarer Zusammenhang zwischen Komplexstabilität und Ionisierungspotential des EPD oder Elektronenaffinität des EPA besteht nicht.

Die am besten untersuchte Gruppe von n-EPD–σ-EPA-Charge-Transfer-Komplexen sind die Verbindungen des Jods bzw. der Interhalogenverbindungen mit N-Basen. Bei diesen besteht eine Beziehung zwischen dem Logarithmus der Stabilitätskonstante und dem pK_B-Wert der N-Base[3] (Abb. 47); die Donizitäten sind für die N-Basen nicht bekannt.

Abb. 48 zeigt, daß für EPD-J_2-Verbindungen auch eine Beziehung zwischen dem ΔH-Wert der Komplexbildung und der Lage der Ladungsüberführungsbande $h\nu_{CT}$ besteht. Der Gang der ΔH-Werte als Funktion von $h\nu_{CT}$ ist aber für über den Sauerstoff koordinierende EPD-Moleküle anders (Abb. 48 B) als für solche, die über den Stickstoff koordinieren[3] (Abb. 48 A).

Die $h\nu_{CT}$-Werte der Verbindungen des Jods mit Alkoholen und Äthern sind mit Ausnahme des Propylenoxids trotz beträchtlicher Unterschiede in den ΔH-Werten nur wenig differenziert, ähnlich wie bei den Charge-Transfer-Komplexen von über den Sauerstoff koordinierenden EPD-Molekülen mit Schwefeldioxid als EPA.

Das ΔG-$h\nu_{CT}$-Diagramm (Abb. 49) läßt die gleiche Tendenz erkennen wie Abb. 48. Bei den Aminen (Abb. 49 A) zeigen nur Triäthyl-, Tri-n-propyl- und Tri-n-butylamin positivere ΔG-Werte, als auf Grund der linearen Beziehung erwartet, was auf sterisch bedingte starke Entropieabnahme bei der Komplexbildung zurückgeführt wird. Im übrigen dürften die Entropieänderungen innerhalb der homologen Reihe (ebenso bei den methylierten Benzolen) annähernd konstant sein. Die $h\nu_{CT}$-Werte der Äther und Alkohole sind wenig differenziert (Abb. 49 B). Zusammenhänge analog der in Abb. 48 und 49 dargestellten Art ergeben sich auch, wenn ΔH bzw. ΔG gegen die Ionisierungspotentiale aufgetragen werden[3].

b) σ-EPD—σ-EPA

Bei der Mehrzahl der σ-EPD–σ-EPA-Charge-Transfer-Komplexe handelt es sich um sogenannte „Kontaktstoßkomplexe", d. h. kurzlebige Komplexe, in denen ein Elektronenübergang bei günstiger Konstellation der Reaktionspartner stattfinden kann. Beispiele sind die Wechselwirkung von Jod mit Cyclopropan[10], Cyclohexan[11], 2,3-Dimethylbutan[11], von Brom mit Cyclohexan[12] sowie die von HAMMOND[13] untersuchten Charge-Transfer-Komplexe von Wolfram(VI)-fluorid, Molybdän(VI)-fluorid und Jod(V)-fluorid mit aliphatischen Kohlenwasserstoffen. Bei letzteren sind die ΔH-Werte sehr gering (0,2 bis 0,3 kcal/mol). Die Verschie-

[10] FREED, S., und K. M. SANCIER: J. Am. Chem. Soc. **74**, 1273 (1952).
[11] HASTINGS, S. H., J. L. FRANKLIN, J. C. SCHILLER und F. A. MATSEN: J. Am. Chem. Soc. **75**, 2900 (1953).
[12] SLOUGH, W., und A. R. UBBELOHDE: J. Chem. Soc. **1957**, 911.

bung der Absorptionskante nach kürzeren Wellenlängen für Lösungen von Wolfram(VI)-fluorid bzw. Molybdän(VI)-fluorid in Perfluoromethylcyclohexan durch Zusatz der σ-EPD-Moleküle entspricht der Reihenfolge zunehmender Ionisierungspotentiale[13], nämlich Cyclohexan, n-Hexan, Tetrachlorkohlenstoff, Perfluoromethylcyclohexan.

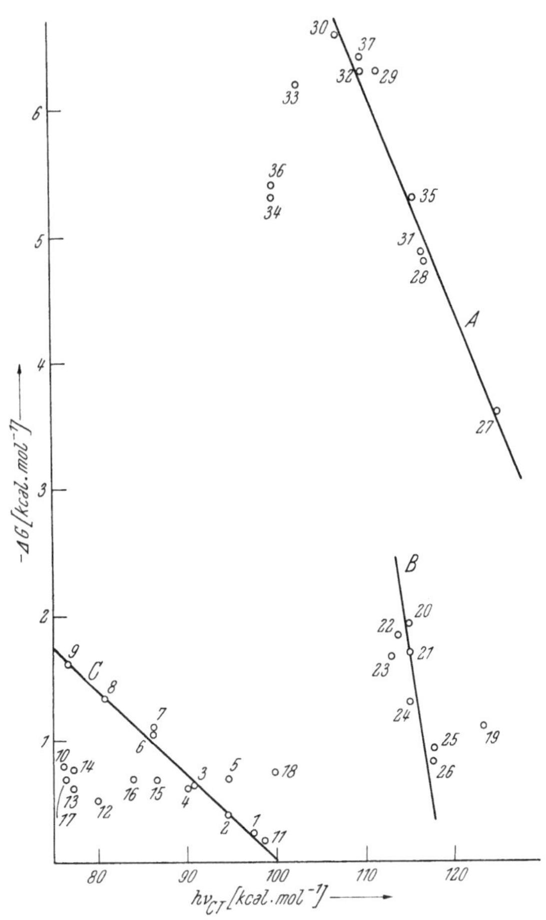

Abb. 49. Zusammenhang zwischen freier Bildungsenthalpie ΔG und Charge-Transfer-Energie $h\nu_{CT}$ für die Komplexbildung von Jod mit verschiedenen EPD

1 Benzol	14 2-Methylnaphthalin	27 Ammoniak
2 Toluol	15 Styrol	28 Methylamin
3 o-Xylol	16 Diphenyl	29 Dimethylamin
4 m-Xylol	17 Stilben	30 Trimethylamin
5 p-Xylol	18 Cyclohexen	31 Äthylamin
6 Mesitylen	19 Propylenoxid	32 Diäthylamin
7 Durol	20 Trimethylenoxid	33 Triäthylamin
8 Pentamethylbenzol	21 Tetrahydrofuran	34 Tri-n-propylamin
9 Hexamethylbenzol	22 2-Methyltetrahydrofuran	35 n-Butylamin
10 Hexaäthylbenzol	23 Tetrahydropyran	36 Tri-n-butylamin
11 Brombenzol	24 Diäthyläther	37 Piperidin
12 Naphthalin	25 Methanol	
13 1-Methylnaphthalin	26 Äthanol	

---

[13] HAMMOND, P. R.: J. Phys. Chem. **74**, 647 (1970).

c) π-EPD—π-EPA

Typische π-EPD-Funktionen werden ausgeübt von alkylierten Benzolen, Polyenen, kondensierten Aromaten und Olefinen. Als π-EPA-Moleküle fungieren z. B. aromatische Polynitroverbindungen, Halogenchinone, Tetracyanoäthylen oder Schwefeldioxid.

Den Abb. 50 bis 54 ist zu entnehmen, daß die ΔH- bzw. ΔG-Werte der Komplexbildung nur innerhalb homologer Reihen den $h\nu_{CT}$-Werten annähernd proportional sind.

Die Abweichungen von den Geraden in den ΔH-$h\nu_{CT}$-Diagrammen wurden auf die Fehlerbreiten der ΔH-Werte, welche meist aus der Temperaturabhängigkeit von ΔG ermittelt wurden, zurückgeführt: Aus der angenäherten Linearität in

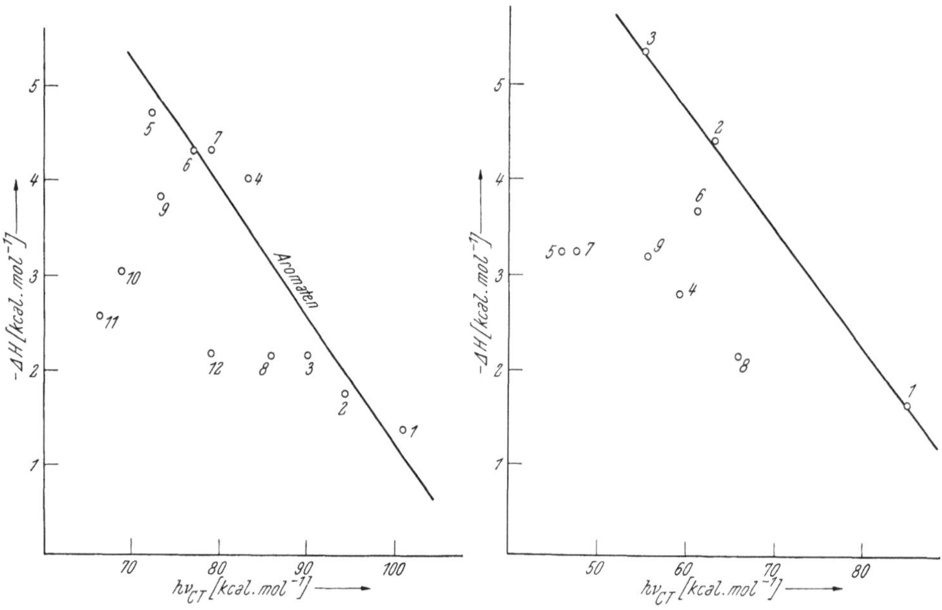

Abb. 50. Zusammenhang zwischen Komplexbildungsenthalpie ΔH und Charge-Transfer-Energie $h\nu_{CT}$ für die Komplexbildung von 1,3,5-Trinitrobenzol mit verschiedenen EPD

1 Benzol	*7* Phenanthren
2 Toluol	*8* Styrol
3 m-Xylol	*9* Stilben
4 Durol	*10* Diphenylbutadien
5 Hexamethylbenzol	*11* Diphenylhexatrien
6 Naphthalin	*12* Diphenylhexadien

Abb. 51. Zusammenhang zwischen Komplexbildungsenthalpie ΔH und Charge-Transfer-Energie $h\nu_{CT}$ für die Komplexbildung von Chloranil mit verschiedenen EPD

1 Benzol	*6* Phenanthren
2 Durol	*7* Pyren
3 Hexamethylbenzol	*8* Diphenyl
4 Naphthalin	*9* Stilben
5 Anthracen	

den ΔH-$h\nu_{CT}$- und ΔG-$h\nu_{CT}$-Diagrammen wird geschlossen, daß die Entropiebeiträge innerhalb homologer Reihen in Abwesenheit sterischer Effekte annähernd konstant sind.

Kondensierte Aromaten, ferner Diphenyl, Styrol, die höheren Polyene und Olefine fügen sich nicht in die für die methylierten Benzole erkennbaren Zusammenhänge. Naphthalin und Phenanthren lassen sich gegenüber Trinitrobenzol (TNB)

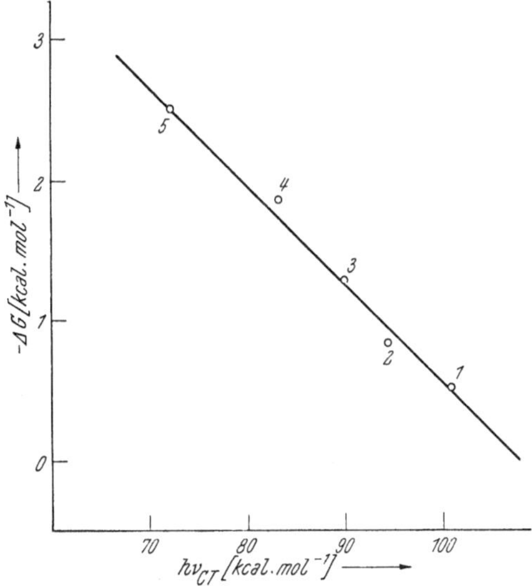

Abb. 52. Zusammenhang zwischen freier Bildungsenthalpie ΔG und Charge-Transfer-Energie $h\nu_{CT}$ für die Komplexbildung von 1,3,5-Trinitrobenzol mit verschiedenen EPD

1 Benzol	*4* Durol
2 Toluol	*5* Hexamethylbenzol
3 m-Xylol	

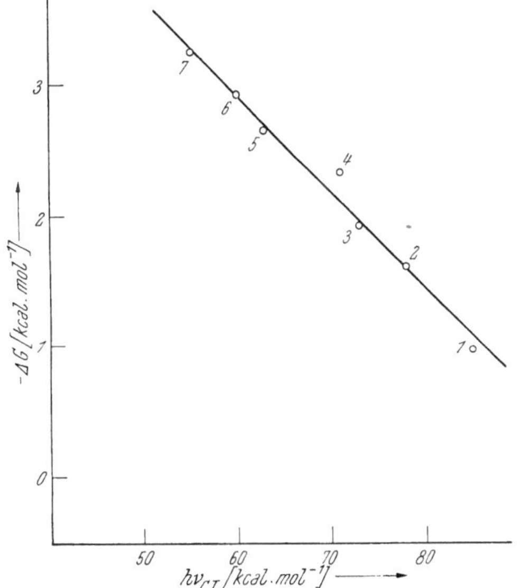

Abb. 53. Zusammenhang zwischen freier Bildungsenthalpie ΔG und Charge-Transfer-Energie $h\nu_{CT}$ für die Komplexbildung von Chloranil mit verschiedenen EPD

1 Benzol	*5* Durol
2 Toluol	*6* Pentamethylbenzol
3 m-Xylol	*7* Hexamethylbenzol
4 Mesitylen	

Abb. 54. Zusammenhang zwischen freier Bildungsenthalpie ΔG und Charge-Transfer-Energie $h\nu_{CT}$ für die Komplexbildung von SO_2 mit verschiedenen EPD

1 Benzol	*6* Mesitylen
2 Toluol	*7* Methanol
3 o-Xylol	*8* Äthanol
4 m-Xylol	*9* n-Propanol
5 p-Xylol	*10* n-Butanol

(Abb. 50) in die Reihe der methylierten Benzole einordnen, zeigen jedoch gegenüber Chloranil (Abb. 51), Anthracen und Pyren abweichendes Verhalten, ohne daß dafür sterische Faktoren verantwortlich sein können. Diphenyl und Stilben (Abb. 50 und 51) sowie die höheren Polyene (Abb. 50) weichen ebenfalls von der Reihe der homologen Benzole ab. Auffallend stark sind die Unterschiede zwischen substituierten Benzolen und olefinischen π-EPD-Molekülen (Abb. 50).

Wie vor allem BRIEGLEB[14] gezeigt hat, besteht innerhalb einer homologen Reihe zwischen der Charge-Transfer-Energie $h\nu_{CT}$ und dem Ionisierungspotential des π-EPD, also bei gegebenem EPA und gegebenem Bindungstyp (z. B. π-EPD—π-EPA), ein funktioneller Zusammenhang: je größer das Ionisierungspotential I_D, um so größer ist $h\nu_{CT}$.

Es ist anzunehmen, daß ähnlich wie bei n-EPD–σ-EPA-Wechselwirkungen die auslösenden π-EPD- bzw. π-EPA-Funktionen für ΔH- bzw. ΔG-Werte entscheidend sind; die dargelegten Zusammenhänge lassen vermuten, daß innerhalb homologer Reihen das Ionisierungspotential ein Maß der π-Donizität eines π-EPD darstellt[1].

d) π-EPD—σ-EPA

Hiezu zählen die Komplexe von aromatischen Kohlenwasserstoffen und Olefinen mit Halogenen und Interhalogenverbindungen, ferner Komplexe aromatischer Kohlenwasserstoffe mit EPA-Halogeniden, wie Titan(IV)-chlorid, Zinn(IV)-chlorid oder Wolfram(VI)-fluorid[15,16]. Abb. 48 C zeigt, daß für mehrere alkylierte Homologe des Benzols ein praktisch linearer Zusammenhang besteht zwischen ΔH und $h\nu_{CT}$ mit Ausnahme des Hexaäthylbenzols, wofür sterische Gründe verantwortlich sein könnten. Nicht durch sterische Hinderung zu deuten sind die Abweichungen für Naphthalin, substituierte Naphthaline sowie für Cyclohexen.

Das ΔG—$h\nu_{CT}$-Diagramm (Abb. 49 C) läßt ähnliche Verhältnisse erkennen. Diphenyl, Styrol und Stilben weichen von der Reihe der methylierten Benzole ab, und zwar, wie dies auch in Abb. 50 und 51 zu erkennen ist, in Richtung niederer $h\nu_{CT}$-Energien. Bei Olefinen (nicht eingezeichnet) sind die Verhältnisse unübersichtlich, vermutlich wegen der bei verschiedenen π-EPD-Molekülen unterschiedlichen Entropiebeiträge.

Für die Homologen des Benzols ergibt sich gegenüber Jod und gegenüber Jod(I)-chlorid dieselbe Reihung (Abb. 55). Wieder werden für Hexaäthylbenzol, Naphthalin und Diphenyl analoge Abweichungen beobachtet wie in den Abb. 48 C und 49 C.

e) n-EPD—π-EPA

Ein Beispiel bietet die Wechselwirkung von Schwefeldioxid als EPA mit verschiedenen Alkoholen (Abb. 54). Ähnlich wie bei den Komplexen der über den Sauerstoff koordinierenden EPD-Moleküle mit Jod sind die $h\nu_{CT}$-Werte trotz unterschiedlicher ΔG-Werte praktisch konstant.

---

[14] BRIEGLEB, G., und J. CZEKALLA: Z. Elektrochem. **63**, 6 (1959).
[15] HAMMOND, P. R., und R. R. LAKE: Chem. Comm. **1968**, 987.
[16] OTT, J. B., J. R. GOATES, R. J. JENSEN und N. F. MANGELSON: J. Inorg. Nucl. Chem. **27**, 2005 (1965).

f) σ-EPD—π-EPA

Hiezu gehören die Charge-Transfer-Wechselwirkungen vom Typ Cyclopropan-Tetracyanoäthylen oder Cyclohexan-Tetracyanoäthylen.

g) Diskussion

Einfache funktionelle Zusammenhänge zwischen ΔH bzw. ΔG und hν_{CT} bzw. I_D bestehen nur innerhalb homologer Reihen von EPD-Molekülen bei gegebenem EPA und nur in Abwesenheit sterischer Effekte. Auch bei gegebenem Bindungs-

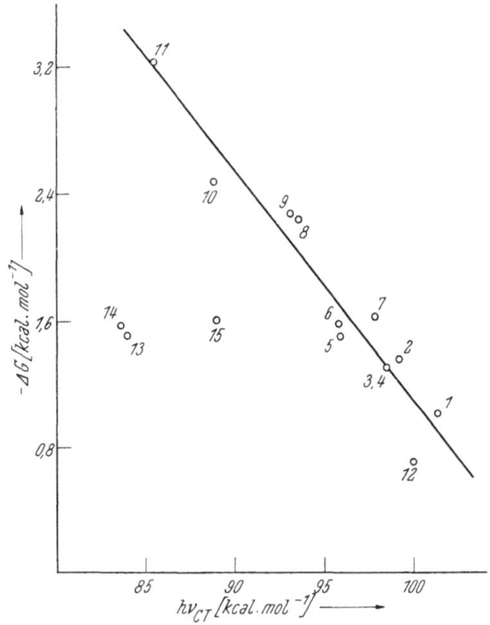

Abb. 55. Zusammenhang zwischen freier Bildungsenthalpie ΔG und Charge-Transfer-Energie hν_{CT} für die Komplexbildung von Jod(I)-chlorid mit verschiedenen EPD

1 Benzol	6 m-Xylol	11 Hexamethylbenzol
2 Toluol	7 p-Xylol	12 Brombenzol
3 Äthylbenzol	8 Durol	13 Hexaäthylbenzol
4 Isopropylbenzol	9 Mesitylen	14 Naphthalin
5 o-Xylol	10 Pentamethylbenzol	15 Diphenyl

typ, z. B. beim Vergleich von π-EPD-Molekülen untereinander, sind Unterschiede je nach Typ des π-Elektronensystems festzustellen. Ebenso sind beim Vergleich von n-EPD-Molekülen untereinander je nach Art des n-Donor-Atoms und Art der funktionellen Gruppen im Molekül Unterschiede anzutreffen[3].

Zwischen Diphenylpolyenen und Trinitrobenzol oder Chloranil (Abb. 50 und 51) erfolgt die Komplexbildung über einen der beiden Phenylringe. Man könnte daher erwarten, daß sich diese EPD-Moleküle einschließlich Diphenyl und Styrol in die Reihe der methylierten Benzole einordnen lassen. Tatsächlich treten Abweichungen nach kleineren hν_{CT}-Energien auf (Abb. 50 und 51), die auf die größere Ausdehnung des konjugierten Systems und die dadurch bedingte größere Mesomeriestabilisierung der EPD-Komponente im angeregten Zustand des Moleküls zurückgeführt wurden. Analoges gilt für die schon erwähnte Wechselwirkung von π-EPD-Molekülen mit Jod bzw. Jodmonochlorid (Abb. 49 C und 55). Bei den höheren Polyenen sinken die ΔH-Werte bei nur mehr geringfügiger Abnahme der $h\nu_{CT}$-Werte ab (Abb. 50), was darauf zurückgeführt wurde[3], daß durch die große Kettenlänge der Moleküle und die Rotation der einzelnen Molekülteile die Polarisierbarkeit des EPD-Moleküls im Felde des EPA verkleinert wird.

Unterschiede in den ΔH-Werten trotz ähnlicher Werte von Ionisierungspotential I_D bzw. Charge-Transfer-Energie $h\nu_{CT}$, z. B. Styrol und Durol (Abb. 50), Phenanthren-Naphthalin (Abb. 51), Naphthalin-Diphenylhexadien (Abb. 50), werden von MULLIKEN dadurch gedeutet, daß die relativen Anteile der van der Waalsschen Energie W_0 und der Resonanzenergie R_N an der Gesamtwechselwirkungsenergie

$$\Delta H = W_0 + R_N$$

variieren.

Es ist fraglich, inwieweit und ob überhaupt eine Trennung der Gesamtenergie ΔH in die Anteile R_N und W_0 gerechtfertigt ist, insbesondere bei Charge-Transfer-Wechselwirkungen zwischen EPD- und EPA-Molekülen, die in sich abgeschlossene Konjugationssysteme ohne „isolierte" polare Gruppen darstellen. Das unterschiedliche Verhalten von über Sauerstoff und Stickstoff koordinierenden EPD-Molekülen gegenüber Jod (Abb. 48 und 49) kann auf diese Weise nicht gedeutet werden. Bei gleichem Ionisierungspotential I_D bzw. gleicher $h\nu_{CT}$-Energie fungieren die Amine stärker als EPD als die Äther oder Alkohole. Die quantenmechanische Theorie MULLIKENS ist demnach in ihrer Anwendung auf Charge-Transfer-Komplexe Einschränkungen unterworfen und liefert nur im Falle homologer Reihen qualitativ richtige Aussagen, also dort, wo auch die klassische Betrachtungsweise zum Ziele führt.

Das unterschiedliche Verhalten z. B. verschiedener π-EPD-Moleküle gegenüber einem gegebenen EPA wird nach der funktionellen Darstellung auf die verschiedene Konfiguration der π-Molekülorbitale in methylierten Benzolen, in kondensierten Aromaten und in Olefinen zurückgeführt; Ionisierungspotential I_D bzw. $h\nu_{CT}$-Energie versagen als Maß der relativen Komplexstabilität, und an ihre Stelle treten empirische Parameter, wie die Donizität DN oder z. B. die bei den Charge-Transfer-Komplexen von Trifluorjodmethan[9] beobachtete chemische Verschiebung $\Delta\delta_F$.

Bei homologen Reihen, also bei gegebener Konfiguration der Orbitale der EPD-Moleküle, wird die Elektronendichte durch die induktiven Effekte bestimmt. Dieselben induktiven Effekte bestimmen auch das Ionisierungspotential I_D des EPD bzw. die Charge-Transfer-Energie des Komplexes, so daß für homologe Reihen funktionelle und Mullikensche Betrachtungsweise zur Beschreibung der Komplexstabilitäten äquivalent sind. (Dies gilt nicht nur für Charge-Transfer-Komplexe, sondern allgemein für durch EPD-EPA-Wechselwirkung ausgelöste Vorgänge. Annähernd lineare Zusammenhänge wurden z. B. auch zwischen Ionisierungspotential I_D und pK_s [K_s Säurekonstante der Kationsäure] innerhalb der homologen Reihen, sowohl der methylierten Pyridine als auch der Diazine, beobachtet[17]; diese beiden Reihen von Basen sind jedoch nicht miteinander vergleich-

[17] NAKAJIMA, T., und A. PULLMAN: J. Chem. Phys. **55**, 793 (1958).

bar. Dies bestätigt, daß *die Elektronendichte am EPD-Atom für die Stabilität der Komplexe maßgebend* ist und erstere in den Diazinen, bedingt durch Anwesenheit des zweiten elektronegativen Heteroatoms, gegenüber den Pyridinen geringer ist.)

Da innerhalb einer homologen Reihe das Ionisierungspotential I_D als Maß der Komplexstabilität herangezogen werden kann, ist zu erwarten, daß bei annähernd konstanten Entropiebeiträgen die relativen Stabilitäten unabhängig von der Natur des EPA sind.

So nehmen die relativen Stabilitäten verschiedener cyklischer Äther gegenüber den EPA-Molekülen Jod, Phenol und Distickstofftetroxid in derselben Reihenfolge 4->5->6->3-Ringsystem ab[18-22]. Wie schon erwähnt, bestehen auch zwischen den relativen Komplexstabilitäten homologer Benzole mit verschiedenen EPA-Molekülen annähernd lineare Zusammenhänge (Abb. 56 und 57). In Abb. 47, Seite 108 (K = Bildungskonstante der Komplexe mit Jod) ist der allgemeine Trend — Zunahme von log K entspricht zunehmender Basizität des EPD — erkennbar, doch treten vermutlich zufolge unterschiedlicher solvatationsbedingter entropischer

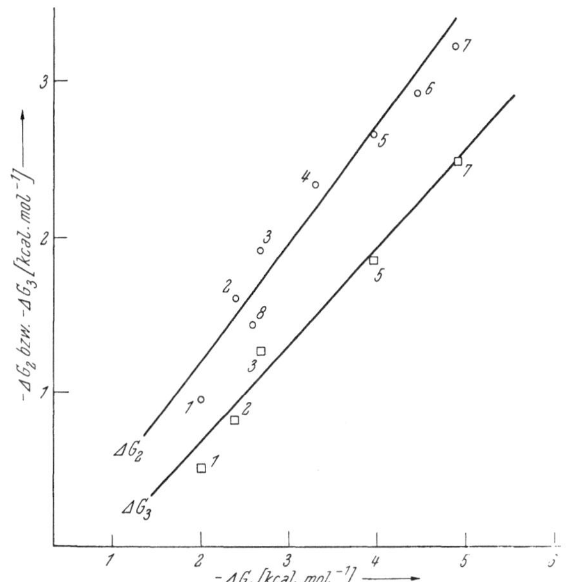

Abb. 56. Zusammenhang zwischen den freien Bildungsenthalpien der Komplexbildung verschiedener EPD mit Tetracyanoäthylen (ΔG_1, Lösungsmittel CH_2Cl_2, $t = 12°$ C) und Chloranil (ΔG_2, Lösungsmittel CCl_4, $t = 20°$ C) bzw. 1,3,5-Trinitrobenzol (ΔG_3, Lösungsmittel CCl_4, $t = 20°$ C) als EPA

1 Benzol	*4* Mesitylen	*7* Hexamethylbenzol
2 Toluol	*5* Durol	*8* Hexaäthylbenzol
3 m-Xylol	*6* Pentamethylbenzol	

[18] BRANDON, S. M., M. TAMRES und S. SEARLES jr.: J. Am. Chem. Soc. **82**, 2129, 2134 (1960).

[19] SEARLES, S., und M. TAMRES: J. Am. Chem. Soc. **73**, 3704 (1951).

[20] SEARLES, S., M. TAMRES und R. LIPPINCOTT: J. Am. Chem. Soc. **75**, 2775 (1953).

[21] TAMRES, M., S. SEARLES, M. LEIGHLY und W. MOHRMAN: J. Am. Chem. Soc. **76**, 3983 (1954).

[22] SISLER, H. H., und P. E. PERKINS: J. Am. Chem. Soc. **78**, 1135 (1956).

Beiträge sowie aus sterischen Gründen Abweichungen auf. Generell sollte ein Vergleich der gegenüber verschiedenen EPA-Molekülen gemessenen thermodynamischen Daten stets für dieselben, möglichst inerten Lösungsmittel erfolgen. Bestehen größere Unterschiede im Solvatationsvermögen zweier Lösungsmittel, so können zum Teil beträchtliche Abweichungen auftreten (siehe Abb. 47).

Praktisch lineare Zusammenhänge bestehen zwischen den relativen Komplexstabilitäten von homologen Benzolen mit den EPA-Molekülen Tetracyanoäthylen, Trinitrobenzol, Chloranil und Jod (Abb. 56 und 57).

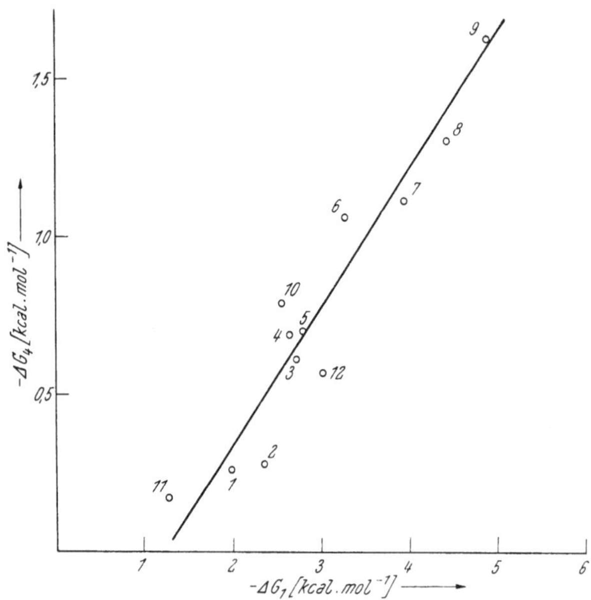

Abb. 57. Zusammenhang zwischen den freien Bildungsenthalpien der Komplexbildung verschiedener EPD mit Tetracyanoäthylen (ΔG_1, Lösungsmittel CH_2Cl_2, $t = 12°$ C) und Jod (ΔG_4, Lösungsmittel CCl_4, $t = 25°$ C) als EPA

1 Benzol	5 p-Xylol	9 Hexamethylbenzol
2 Toluol	6 Mesitylen	10 Hexaäthylbenzol
3 o-Xylol	7 Durol	11 Brombenzol
4 m-Xylol	8 Pentamethylbenzol	12 Naphthalin

Wie soeben ausgeführt, besteht bei nichthomologen EPD-Molekülen keine Beziehung zwischen Ionisierungspotential und relativer Komplexstabilität; dies kann man darauf zurückführen, daß das Ionisierungspotential als Moleküleigenschaft* den wesentlichen Faktor der Überlappung der Orbitale der Reaktionspartner unberücksichtigt läßt. So weisen z. B. Hexan (10,4 eV) und Äthanol (10,5 eV) praktisch gleiches Ionisierungspotential auf, dennoch verhält sich Hexan gegenüber EPA-Molekülen wie Jod, Antimon(V)-chlorid und Schwefeldioxid als praktisch inert, während Äthanol als verhältnismäßig starker Komplexbildner reagiert. Ähnlich liegen die Verhältnisse beim Vergleich von über Sauerstoff und Stickstoff koordinierenden EPD-Molekülen gegenüber Jod als Acceptor. Das Ionisierungspotential

---

von Diäthyläther (9,5 eV) ist kleiner als das von Ammoniak (10,2 eV), aber Ammoniak ist als EPD stärker.

Im Gegensatz zu I_D und $h\nu_{CT}$ erweisen sich empirische Parameter wie Donizität DN, in denen direkt oder indirekt der entscheidende Faktor der Orbitalüberlappung berücksichtigt ist, als nützliche Richtgrößen zur Beschreibung relativer Komplexstabilitäten auch bei nichthomologen EPD-Reihen.

So sind die ΔH-Werte für die Wechselwirkungen einer großen Zahl von über Sauerstoff und Stickstoff koordinierenden EPD-Molekülen mit verschiedenen funktionellen Gruppen (Äther, Carbonate, Ester, Sulfoxide, Phosphate, Amine, Pyridine, Nitrile usw.) gegenüber Acceptoren, wie Jod, Phenol, Antimon(III)-chlorid und Trimethylzinnchlorid, proportional der Donizität DN der EPD-Moleküle[23]. Allerdings handelt es sich in allen diesen Fällen um n-EPD–σ-EPA-Wechselwirkungen. Ob Zusammenhänge zwischen Komplexstabilität und Donizität z. B. auch für Charge-Transfer-Komplexe vom Typ n-EPD–π-EPA bestehen, ist Gegenstand von Untersuchungen.

Für die Charakterisierung *relativer Acceptorstärken* gelten analoge Überlegungen wie für Donorstärken. Charge-Transfer-Energie $h\nu_{CT}$ bzw. Elektronenaffinität E_A* sind nur bei homologen Reihen als Maß für die relativen Acceptorstärken anzusehen. Zum Beispiel entspricht die Reihung der $h\nu_{CT}$-Werte für die Komplexbildung substituierter p-Benzochinone im wesentlichen den Komplexstabilitäten[24]. Es hat dagegen keinen Sinn, relative Acceptorstärken verschiedener Typen von EPA-Molekülen, wie Jod, Schwefeldioxid, Trinitrobenzol, Tetracyanoäthylen usw., gegenüber einem gegebenen EPD (z. B. Benzol) durch Angabe von $h\nu_{CT}$-Werten zu charakterisieren. Charakterisiert man verschiedene Typen von EPA-Molekülen (σ, π) durch Angabe thermodynamischer oder thermochemischer Größen, so sind annähernd gleichlautende EPA-Reihungen nur gegenüber solchen EPD-Molekülen zu erwarten, mit welchen Donor-Acceptor-Bindungen des gleichen Typs gebildet werden. Zum Beispiel wurde auf Grund der Komplexbildungskonstanten gegenüber Benzol folgende Reihung mit abnehmender Acceptorstärke erhalten[3]:

Jodmonochlorid > Chloranil ≫ Trinitrobenzol > Jod > Brom >
Schwefeldioxid

Dieselbe Reihung wird auch gegenüber Hexamethylbenzol beobachtet:

Jodmonochlorid > Tetrachlorphthalsäureanhydrid > Chloranil >
Trinitrobenzol > Pikrinsäure > Jod

Gegenüber Naphthalin treten jedoch teilweise Umkehrungen der Reihung der EPA-Stärken ein: Jodmonochlorid, gegenüber Hexamethylbenzol das am stärksten fungierende EPA-Molekül, fungiert nun verhältnismäßig schwach als EPA,

---

* Es ist zur Zeit noch nicht möglich, Absolutwerte der Elektronenaffinitäten organischer Acceptoren zu bestimmen. Relativwerte der Elektronenaffinitäten (normiert auf einen bestimmten Acceptor) sind auf indirektem Wege zugänglich[3].

[23] GUTMANN, V.: „Coordination Chemistry in Non-Aqueous Solutions", Springer-Verlag, Wien-New York, 1968.
[24] FOSTER, R., D. LL. HAMMICK, und P. J. PLACITO: J. Chem. Soc. **1956**, 3881.

während die Acceptorfunktionen der π-Acceptoren, vor allem von Trinitrobenzol und Pikrinsäure, zugenommen haben:

$$\text{Trinitrobenzol} > \text{Pikrinsäure} > \text{Tetrachlorphthalsäureanhydrid} >$$
$$\text{Jodmonochlorid} > \text{Jod}$$

Wie auch beim Phänomen der Ionisation einer kovalenten Bindung können sterische Faktoren eine Rolle spielen, z. B. beim Verhalten von Hexaäthylbenzol gegenüber den methylierten Homologen (Abb. 48, 49 und 50), bei der Komplexbildung von Trinitrobenzol mit o,o'-substituierten Diphenylen[25, 26] und der Komplexbildung von Jod mit o,o'-substituierten N,N-Dialkylanilinen[27].

Unter Umständen gibt Substitution an einem EPD-Molekül bzw. EPA-Molekül Anlaß zu zusätzlichen Bindungseffekten. Beispielsweise fungieren bei der Komplexbildung zwischen Nitroaromaten als EPD und Pikrinsäure als EPA entgegen den zu erwartenden induktiven und mesomeren Effekten erstere als stärkere EPD als die nichtsubstituierten Aromaten[28]. Vermutlich liegt als zusätzliche Wechselwirkung eine Wasserstoffbrückenbindung zwischen OH- und NO_2-Gruppen vor[29, 30].

Die Komplexbildung von Anthracen mit verschiedenen l-substituierten 2,4,6-Trinitrobenzolen entspricht gleichfalls nicht den zu erwartenden induktiven Effekten. Vielmehr nimmt die Komplexstabilität mit zunehmender Größe des Substituenten ab[31]. Am Kalottenmodell läßt sich erkennen, daß mit zunehmender Größe des Substituenten die Koplanarität der benachbarten Nitrogruppen mit dem Ring gestört wird. Hiedurch ist eine Verringerung der EPA-Stärke zu erwarten.

3. Durch ED-EA-Wechselwirkung eingeleitete Komplexbildung

Diese Gruppe von Verbindungen bildet den Übergang von den im vorangehenden betrachteten Charge-Transfer-Komplexen zu den typischen, als Folge einer vollständig ablaufenden ED-EA-Wechselwirkung gebildeten Salzen, z. B.

$$\text{Na} + \tfrac{1}{2}\text{Cl}_2 \rightarrow \text{NaCl}$$

Charakteristisch für diese Komplexe ist also ein nicht vollständig erfolgter Elektronenübergang vom Donor zum Acceptor, wie dies z. B. im Natrium-Fluorenyl anzunehmen ist (siehe Seite 48). Dieser Ladungsübergang kann durch einzelne physikalische Untersuchungsmethoden, wie z. B. magnetochemische Messungen oder Elektronenspinresonanz, direkt nachgewiesen werden.

Einen weiteren Hinweis auf das Zustandekommen der Komplexbildung durch eine ED-EA-Wechselwirkung bildet die Tatsache, daß in solvatisierenden Lösungsmitteln unter gleichzeitiger Farbvertiefung eine Dissoziation in die Redoxkompo-

[25] Castro, C. E., und L. J. Andrews: J. Am. Chem. Soc. **77**, 5189 (1955).
[26] Castro, C. E., L. J. Andrews und R. M. Keefer: J. Am. Chem. Soc. **80**, 2322 (1958).
[27] Tsubomura, H.: J. Am. Chem. Soc. **82**, 40 (1960).
[28] Moore, P. S., F. Shepherd und E. Gooddall: J. Chem. Soc. **1931**, 1447.
[29] Hammick, D. Ll., L. W. Andrews und J. Hampson: J. Chem. Soc. **1932**, 171.
[30] Hammick, D. Ll., und T. K. Hanson: J. Chem. Soc. **1933**, 669.
[31] Foster, R.: J. Chem. Soc. **1960**, 1075.

nenten verbunden ist*: Entsprechend dem Prinzip der chemischen Funktionsfolge wird die durch ED-EA-Wechselwirkung ausgelöste Reaktion unter Stabilisierung der Redoxprodukte durch EPA-EPD-Wechselwirkung mit den Lösungsmittel-molekülen vollzogen.

Entsprechend dem vorherrschenden Charakter der ED-EA-Wechselwirkung wird die Bildung dieser Gruppe von Donor-Acceptor-Verbindungen maßgeblich vom Ionisierungspotential bzw. der Elektronenaffinität der Komponenten be-stimmt. Komplexe dieser Art sind daher dann zu erwarten, wenn das Ionisierungs-potential des Elektronendonors möglichst klein und die Elektronenaffinität des Acceptors möglichst groß ist.

Allerdings weisen die meisten organischen Donoren hohe Ionisierungspotentiale auf. Ein verhältnismäßig niedriges Ionisierungspotential (6,5 eV) hat das Tetra-methyl-p-phenylendiamin. Von den organischen Acceptoren zeichnen sich die halogenierten Chinone, wie z. B. das Chloranil (1,35 eV), ferner das Tetracyano-äthylen (1,6 eV), durch relativ hohe Werte der Elektronenaffinität aus[3].

Niedrige Ionisierungspotentiale weisen die Alkalimetalle auf, die daher auch mit organischen Acceptormolekülen mit kleinen E_A-Werten ED-EA-Wechsel-wirkungen eingehen. Die in schwach solvatisierenden Lösungsmitteln meist als „Kontaktionenpaare" angesprochenen Spezies (Kapitel V), z. B. vom Typ M-Fluorenyl oder M-Naphthalin (M = Alkalimetall), sind offenbar nichts anderes als derartige Charge-Transfer-Komplexe.

An konkreten Beispielen seien genannt: die Komplexbildung von Tetramethyl-p-phenylendiamin mit Tetracyanäthylen, Halogenchinonen und 7,7,8,8-Tetra-cyanchinondimethan. BRIEGLEB und Mitarbeiter[32] konnten bei derartigen Kom-plexen auf Grund konduktometrischer und spektrophotometrischer Untersuchun-gen zeigen, daß in schwach solvatisierenden Lösungsmitteln die Bildung von Neu-tralkomplexen erfolgt, welche in stärker solvatisierenden Medien in die ionischen Redoxkomponenten zerfallen. Derartige Komplexe sind paramagnetisch[33].

Von den Verbindungen anorganischer Elektronendonoren mit organischen Acceptormolekülen seien genannt[2]:

Natrium-Fluorenyl,
Natrium-Naphthalin[34],
Natrium-Chloranil[35],
Natrium-Tetracyanäthylen[36, 37] und
Lithium-Tetracyanchinondimethan[38].

---

* Ein völlig anderes Verhalten zeigen die durch EPD-EPA-Reaktion gebildeten Charge-Transfer-Komplexe: Geht man von weitgehend „inerten" Lösungsmitteln, wie Hexan oder Tetrachlorkohlenstoff, zu stärker solvatisierenden Medien über, so zerfallen die Komplexe unter gleichzeitiger Abnahme der Farbintensität wieder in die Ausgangskomponenten.

[32] LIPTAY, W., G. BRIEGLEB und K. SCHINDLER: Z. Elektrochem. **66**, 331 (1962).

[33] BIGL, D., H. KAINER und A. C. ROSE-INNES: Naturwiss. **41**, 303 (1954); J. Chem. Phys. **30**, 765 (1959).

[34] HOIJTINK, G. J., und P. H. VAN DER MEIJ: Z. phys. Chem. N. F. **20**, 1 (1959).

[35] KAINER, H., und A. UEBERLE: Chem. Ber. **88**, 1147 (1955).

[36] PHILIPPS, W. D., und J. C. ROWELL: J. Chem. Phys. **33**, 626 (1960).

[37] WEBSTER, O. W., W. MAHLER und R. E. BENSON: Angew. Chem. **72**, 873 (1960).

[38] ACKER, D. S., R. J. HARDER, W. R. HERTLER, W. MAHLER, L. R. MELBY, R. E. BENSON und W. E. MOCHEL: J. Am. Chem. Soc. **82**, 6408 (1960).

Kapitel XII

Reaktionsmechanismen in der organischen Chemie

1. Allgemeines

Es ist selbstverständlich, daß die Dynamik der chemischen Funktionsfolge auch auf die Umsetzungen in der organischen Chemie anwendbar sein muß, will sie als universell anwendbare Betrachtungsweise gelten. Die moderne Beschreibungsweise organischer Reaktionen ist in der Tat der vorliegenden Beschreibung zeitlich vorangeeilt und beschreibt unter anderem die elektronischen Veränderungen im Verlaufe einer Reaktion. Die hiefür übliche Bezeichnungsweise „Reaktionsmechanismen" ist nicht sehr glücklich gewählt, da es sich nur zum Teil um Mechanismen, zum anderen Teil um die Beschreibung der Ladungsverschiebungen innerhalb eines Moleküls nach erfolgtem Angriff eines Reaktionspartners handelt.

Diese Beschreibungsweise der „Reaktionsmechanismen"[1, 2] fügt sich zwanglos in die vorliegende Lehre der Dynamik der chemischen Funktionsfolge ein, und die eine oder andere Erscheinung mag im Lichte dieser umfassenderen Betrachtungsweise an Klarheit gewinnen.

Es ist schon eingangs darauf hingewiesen worden, daß es zweckmäßiger ist, von einer „Elektronenpopulation" zu sprechen als von einer „Elektronendichte" (Seite 3).

Die organische Chemie unterscheidet drei Typen der Agentien: elektrophile, nucleophile und radikalische. Die beiden erstgenannten sind identisch mit EPA- bzw. EPD-Funktionen ausübenden Agentien.

Nach einem erfolgreichen Zusammenstoß mit dem organischen Molekül treten meist Elektronenverschiebungen zu den Nachbaratomen ein. Die durch den Angriff veränderte Elektronenpopulation strebt nach Ausübung der umgekehrten Funktion gegenüber einem oder mehreren seiner Nachbaratome. Das Prinzip der chemischen Funktionsfolge muß beim Angriff am Substrat erfüllt werden. Die entlang der Bindungen erfolgenden elektronischen Verschiebungen werden als ED-EA-Wechselwirkung aufgefaßt, ohne Rücksicht darauf, ob σ- oder π-Elektronen betroffen sind.

Es ist schon erwähnt worden, daß die dynamische Betrachtungsweise erst einsetzt, wenn die kinetischen Voraussetzungen gegeben sind. Sie macht daher eine

---

[1] SYKES, P.: „Reaktionsmechanismen der organischen Chemie", Verlag Chemie, Weinheim, 1964.

[2] GOULD, E. S.: „Mechanismus und Struktur in der organischen Chemie", Verlag Chemie, Weinheim, 1964.

klare Unterscheidung zwischen Reaktionsmechanismus und den elektronischen
Veränderungen.

Wie im Kapitel XIV, Seite 139 ff., gezeigt wird, erscheint es nicht erforderlich,
daß eine Reaktion nur nach einem einzigen Mechanismus ablaufen kann. Es sind
„gemischte Mechanismen", z. B. eine aus erster und zweiter Ordnung gemischte
Kinetik, wie sie bei der Hydrolyse von Isopropylbromid festgestellt wurde, bekannt.

Der experimentelle Befund einer einzigen Reaktionsordnung ist noch kein
Beweis für das Vorliegen eines einzigen Reaktionsmechanismus, da deren mehrere
denkbar sind, welche alle dieselbe Reaktionsordnung liefern.

Ein weiterer Vorteil der dynamischen Betrachtungsweise ist darin zu erblicken,
daß eine Konstruktion von Zwischenzuständen mit diskreten Formelbildern nicht
erforderlich ist, ebenso wie die mesomeren Grenzstrukturen in ihr nicht mehr vor-
kommen. Auch in dieser Hinsicht erscheint die vorliegende funktionelle und dynamische Beschreibung wirklichkeitsnäher als die bestehenden.

Nach dieser kurzen Gegenüberstellung der „Reaktionsmechanismen" der
organischen Chemie und der dynamischen Beschreibung der chemischen Funktionsfolge seien im folgenden an Hand einiger Beispiele einige wichtige Reaktionstypen von Reaktionen organischer Verbindungen in der Terminologie der chemischen Funktionslehre erörtert.

2. Nucleophile Substitution am gesättigten Kohlenstoffatom

Wir betrachten zunächst die Hydrolyse eines Alkylbromids. Beim nucleophilen
Angriff des letzteren durch Hydroxidionen übt das C-Atom die EPA-Funktion aus.
Die im Verlauf der Wechselwirkung am C-Atom zunehmende Elektronenpopula-
tion wird sofort durch die hiedurch induzierte ED-Funktion gegenüber dem Bromatom kompensiert. Hiedurch wird die C-Br-Bindung weiter polarisiert. Je
stärker die C-Br-Bindung polarisiert wurde, desto leichter erfolgt die Bildung des
Bromidions, aber immer nur im Felde entweder eines nucleophilen, am C-Atom
oder aber eines elektrophilen, am Bromatom angreifenden Agens (siehe Seite 51 ff.).
Der nucleophile Angriff des Hydroxidions wird erst zu Ende kommen, sobald die
C-Br-Bindung getrennt und das Bromidion abgegeben wurde. Schließlich fungiert
das C-Atom als schwacher ED auch gegenüber der OH-Gruppe, so daß die end-
gültige Polarität der C-OH-Bindung eingestellt wird.

$$
\begin{array}{ccc}
& \text{H} \qquad \text{H} & \qquad\qquad \text{H} \qquad \text{H}\\
\text{HO}^- + & \text{C} & \qquad \text{HO} \rightarrow \text{C}\\
& \text{H} \qquad \text{Br} & \qquad\qquad \text{H} \qquad \text{Br}\\
\text{EPD} \quad \text{EPA} & & \text{ED} \quad \text{EA}
\end{array}
$$

$$
\begin{array}{c}
\text{H}\\
|\\
\text{HO}-\text{C}-\text{H} + \text{Br}^-\\
|\\
\text{H}\\
\text{EA} \quad \text{ED}
\end{array}
$$

3. Elektrophile Substitution an aromatischen Systemen

Die Nitrierung des Benzols wird durch elektrophilen Angriff des Nitronium-ions $[NO_2]^+$ an einem Kohlenstoffatom des als π-EPD fungierenden aromatischen Moleküls eingeleitet. In dem Maße, in dem das $[NO_2]^+$-Ion sich an ein C-Atom her-anschiebt, wird die Elektronenpopulation am angegriffenen Kohlenstoffatom ver-mindert, und es beginnt als EA zu fungieren, wobei das an ihm gebundene Wasser-stoffatom die Funktion als ED übernimmt. Hiedurch wird die C-H-Bindung ge-lockert und polarisiert.

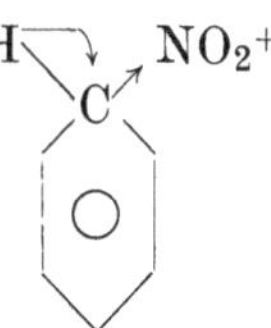

Ein $[HSO_4]^-$-Ion kann nun protoniert werden, wobei der Wasserstoff der C-H-Bindung nach Funktionsumkehr als EPA und das Hydrogensulfation als EPD fungieren. Es kommt dabei zur Deprotonierung am aromatischen System, und zwar an jenem C-Atom, an dem vorher der elektrophile Angriff des Nitronium-ions erfolgt war.

Die Bromierung des Benzols in Gegenwart einer Lewis-Säure als Katalysator, z. B. Aluminiumbromid, wird folgendermaßen dargestellt: Durch die Wechsel-wirkung des Halogens mit dem als EPA fungierenden Aluminiumbromid erfolgt unter Funktionsumkehr nach dem Prinzip der chemischen Funktionsfolge eine Polarisation der Halogen-Halogen-Bindung

$$\overset{\frown}{Br - Br} \rightarrow AlBr_3$$
$$\quad\;\; EPD \quad EPA$$
$$ED \quad EA$$

Das nun am aromatischen Kern angreifende positivierte Bromatom fungiert ent-sprechend dem Prinzip der chemischen Funktionsfolge als EPA gegenüber dem als π-EPD fungierenden aromatischen System, dessen Elektronenpopulation hiedurch erniedrigt wird, während die Br-Br-Bindung weiter polarisiert und schließlich getrennt wird.

$$\overset{\delta+}{Br} \overset{\frown}{-} \overset{\delta-}{Br} - AlBr_3$$
$$\pi\text{-EPD} \quad EPA$$
$$ED \quad EA$$

Durch die Annäherung des positivierten Bromatoms an ein C-Atom wird dessen C-H-Bindung polarisiert und gelockert, so daß es zu ihrer Trennung kommt.

$$\overset{H}{\underset{|}{C}} \rightarrow Br + [AlBr_4]^-$$

Durch die Polarisation der C-H-Bindung wird die Neigung des Wasserstoffatoms zur Entfaltung der EPA-Funktion gefördert, und es reagiert schließlich mit dem $[AlBr_4]^-$-Ion zu HBr und $AlBr_3$.

4. Additionsreaktionen

Bei der Addition von Brom an ein Olefin wird eine stufenweise Addition angenommen. Die Brom-Brom-Bindung im freien Halogen muß zunächst polarisiert werden, was durch Ausübung der π-EPD-Funktion des Olefins gegenüber dem Halogen möglich ist, da das angegriffene Bromatom nun als ED gegenüber dem anderen Bromatom fungiert. Gleichzeitig erfolgt eine Polarisierung der C-C-Bindung, so daß das negativierte Bromatom mit einem der Kohlenstoffatome unter Anlagerung reagieren kann, wodurch die Br-Br-Bindung getrennt wird.

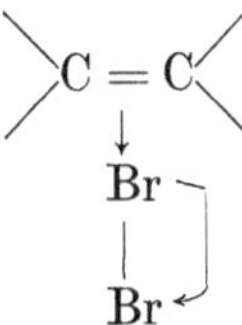

5. Eliminierungsreaktionen

Die Eliminierung von Chlorwasserstoff mit Basen dürfte durch nucleophilen Angriff des OH^--Ions an dem am β-C-Atom gebundenen Wasserstoffatom erfolgen.

Zunächst erfolgt Deprotonierung der H-C-Bindung, wobei das β-C-Atom als EA fungiert (a), so daß es gegenüber dem β-C-Atom als ED weiterfungiert (b). Dieses verschiebt ein Elektron weiter, so daß die C-X-Bindung ionisiert und eine π-Bindung zwischen den beiden Kohlenstoffatomen errichtet wird (c).

Kapitel XIII

Vorstellungen über die Dynamik der Errichtung chemischer Bindungen

1. Allgemeines

Die Beschreibung einer chemischen Bindung durch Grenzstrukturen ist vor allem für den Lernenden unbefriedigend, da es naheliegt, jede der Grenzstrukturen als eine mögliche Realität zu erachten. Die Verwendung der Bezeichnung „Resonanz" ist bestens geeignet, diese irrige Ansicht zu stützen, weil ein Schwingen zwischen den Grenzstrukturen assoziiert wird.

In konsequenter Anwendung des chemischen Funktionsprinzips lassen sich Vorstellungen über die Dynamik der im Verlauf der Bildung einer Bindung erfolgenden elektronischen Veränderungen entwickeln[1].

Zur Entscheidung darüber, ob eine Elektronenverschiebung als EPD-EPA- oder als ED-EA-Wechselwirkung zu beschreiben ist, diene die auf Seite 5 angegebene Regel: Diejenige Verschiebung, die zu einer Erhöhung oder Verminderung der Polarität einer schon bestehenden Bindung führt, wird als ED-EA-Funktionsausübung aufgefaßt.

2. Ionenkristalle

Im Verlauf der zu Natriumchlorid führenden Reaktion von metallischem Natrium mit elementarem Chlor erscheint die Inanspruchnahme des chemischen Funktionsprinzips zunächst nicht nötig. Das Alkalimetall fungiert als starker Elektronendonor und das Halogen als starker Elektronenacceptor. Durch den Übergang eines Elektrons von einem Natriumatom auf ein Chloratom entstehen Ionen mit Edelgaskonfiguration, welche außerordentlich stabil sind. Man führt die starke Wechselwirkung dieser Ionen im Kristallgitter wesentlich auf elektrostatische Kräfte zurück.

Andererseits dürfte der Idealfall der rein elektrostatischen Ionenbeziehung zwischen nichtdeformierten Ionen in der Natur kaum angetroffen werden. Im Lithiumfluoridkristall wird der Verlauf der Elektronendichte am Lithium auf der Verbindungslinie Li-Li vom Fluor kaum gestört; es wird aber eine relativ hohe Elektronendichte auf der Verbindungslinie zwischen Lithiumion und Fluoridion angetroffen[2]. In den äußeren Bereichen erfolgt eine Überlappung der

---

[1] GUTMANN, V.: Mh. Chem. **102**, 1 (1971).

[2] KRUG, H., H. WITTE und E. WÖLFEL: Z. physik. Chem. (N. F.) **4**, 36 (1955).

Elektronenwolke des Lithiumions mit derjenigen des Fluoridions (Abb. 58).
Andererseits dürften keine deutlich homöopolaren Bindungsanteile zwischen
Lithium- und Fluoridionen vorhanden sein. Eine elektronische Wechselwirkung

Abb. 58. Verteilung der Elektronendichte im LiF-Kristall (Ebene $xy0$)

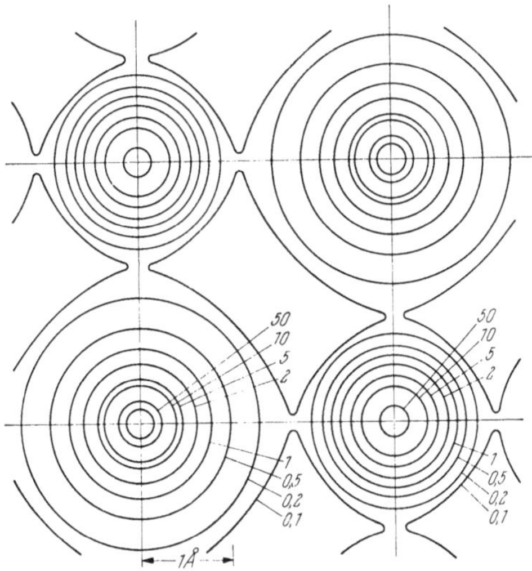

Abb. 59. Verteilung der Elektronendichte im NaCl-Kristall (Ebene $xy0$, berechnet mit den
Strukturamplituden F_{symm})

zwischen den entgegengesetzt geladenen Ionen ist daher nur dadurch möglich, daß
der EPD, also im vorliegenden Fall das Fluoridion, eine geringfügige Entlastung

seiner Orbitale dadurch erreicht, daß durch seine Elektronen eine entsprechende Belastung der Atomorbitale des als EPA fungierenden Lithiumions erfolgt.

Eine solche Wechselwirkung zwischen den Gitterbausteinen tritt im Kristallgitter des Natriumchlorids weniger deutlich in Erscheinung[3]. In Abb. 59 und 60 sind die auf Grund experimenteller Untersuchungen möglichen Verteilungen der Elektronendichte im Kristall des Natriumchlorids wiedergegeben, wobei der Darstellung in Abb. 60 größere Wahrscheinlichkeit beigemessen wird[3]. In jedem Fall ist das Gebiet zwischen Anionen und Kationen ladungsärmer als im Kristall des Lithiumfluorids.

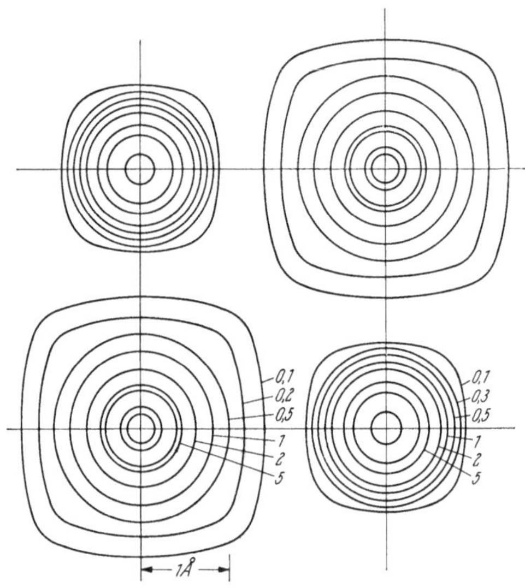

Abb. 60. Verteilung der Elektronendichte im NaCl-Kristall (Ebene $xy0$, berechnet mit F_{exp} unter Berücksichtigung der Fehlerortsfunktion)

Dies ist nach der vorliegenden Darstellung plausibel, da das Natriumion als EPA schwächer ist als das Lithiumion und das Chloridion als EPD schwächer als das Fluoridion. Die beschriebene Wechselwirkung ist demnach im Einklang mit der chemischen Funktionslehre, welche nunmehr die experimentellen Befunde zu erklären vermag.

3. Die kovalente Bindung zwischen verschiedenartigen Atomen

Als einfachster Fall sei zunächst die Errichtung einer kovalenten Bindung zwischen zwei verschiedenartigen Atomen betrachtet, nämlich die Bildung einer H-Cl-Bindung aus einem Wasserstoffatom und einem Chloratom. Nach Berührung der Elektronenhülle der Reaktionspartner wird die Durchdringung und Neuordnung in Angriff genommen, welche die weitere Annäherung der zu bindenden Atome und die Umwandlung der Atomorbitale in die Molekül-

[3] WITTE, H., und E. WÖLFEL: Z. physik. Chem. (N. F.) **3**, 296 (1955).

orbitale bewerkstelligen, wobei es sich um spontane und energieliefernde Vorgänge handeln muß.

Nach Kontaktnahme der Elektronenhüllen der beiden Atome wird ein Elektronenzug zum elektronegativeren Partner, also vom Wasserstoffatom zum Chloratom, erfolgen. Da das Wasserstoffatom keine EPD-Funktion ausüben kann, muß der erste Schritt als ED-EA-Wechselwirkung aufgefaßt werden.

$$\text{H} \quad \text{Cl}$$
$$\text{ED} \quad \text{EA}$$

Das Wasserstoffatom fungiert als ED und das Chloratom als EA, und im Extremfall, welcher jedoch wahrscheinlich nicht erreicht wird, würde Ionisation unter Bildung eines Protons und eines Chloridions eintreten. Im Verlauf der Veränderung der Elektronenpopulation wird nach dem chemischen Funktionsprinzip jeweils die Ausübung der entgegengesetzten, nichtkorrelierten Funktion gefördert. Das positivierte Wasserstoffatom beginnt als EPA zu fungieren, wie dies in erhöhtem Maße für das im Extremfall entstandene Wasserstoffion der Fall ist, und das negativierte Chloratom beginnt die Funktion als EPD auszuüben, wie dies in verstärktem Maße für das im Extremfall zu postulierende Chloridion bekannt ist.

$$\overset{\delta+}{\text{H}} \leftarrow \overset{\delta-}{\text{Cl}}$$
$$\text{EPA} \quad \text{EPD}$$

Im Verlauf dieser Dynamik erfolgen der Aufbau der Molekülorbitale und ihre Besetzung.

Da die Bildung des HCl-Moleküls in der Regel nicht aus H-Atom und Cl-Atom erfolgt, sei nun die im Verlauf der Chlorknallgaskettenreaktion mögliche Bildung aus einem H-Atom und einem Cl_2-Molekül betrachtet: Wieder kann das Wasserstoffatom nur als ED fungieren, so daß das Chlormolekül die EA-Funktion übernimmt:

$$\text{H} \quad \text{Cl} - \text{Cl}$$
$$\text{ED} \qquad \text{EA}$$

Dadurch wird dem Wasserstoff die Entwicklung der EPA-Funktion aufgezwungen. Im negativierten Chlormolekül ist die Cl-Cl-Bindung polarisiert. Das polarisierte Chlormolekül ist zur Funktionsumkehr bereit, und zwar unter Bevorzugung der der eben ausgeübten EA-Funktion nichtkorrelierten EPD-Funktion. Mit seinem negativierten Ende tritt es mit dem als EPA fungierenden positiveren Wasserstoff zusammen. Die leicht polarisierte Cl-Cl-Bindung wird hiedurch weiter polarisiert, so daß es schließlich zu ihrer Trennung unter Bildung eines HCl-Moleküls und eines Chloratoms kommt.

$$\overset{\delta+}{\text{H}} \leftarrow \overset{\delta-}{\text{Cl}} \cdots\cdots \text{Cl}$$
$$\text{EPA} \quad \text{EPD}$$
$$\qquad \text{EA} \quad \text{ED}$$

Bei der Bildung des HCl-Moleküls aus H_2-Molekül und Cl-Atom lassen sich analoge Überlegungen anstellen: Nimmt man an, daß das Wasserstoffmolekül gegenüber dem Chloratom als ED fungiert, so wird hiedurch die H-H-Bindung polarisiert und geschwächt.

$$H - H \quad Cl$$
$$ED \quad EA$$

Die Verminderung der Elektronenpopulation am Wasserstoffmolekül führt zur Ausbildung der EPA-Funktion. Das negativierte Chloratom fungiert nun als EPD gegenüber dem positivierten Wasserstoffatom, und es kommt zur Errichtung der H-Cl-Bindung,

$$H \cdots H \leftarrow Cl$$
$$\quad EPA \quad EPD$$
$$EA \quad ED$$

während gleichzeitig durch weitere ED-EA-Wechselwirkung zwischen den Wasserstoffatomen die Trennung ihrer Bindung vollzogen und die H-H-Bindung gelöst wird; es entsteht ein Wasserstoffatom, welches nunmehr zur weiteren Reaktion mit einem Chlormolekül befähigt ist.

Die Einleitung der Dynamik durch EPD-EPA-Wechselwirkung erscheint weniger wahrscheinlich, da sowohl die EPD-Eigenschaften des H_2-Moleküls als auch die EPA-Eigenschaften des Chloratoms nur außerordentlich schwach entwickelt sind.

Die Bildung des HCl-Moleküls aus Proton und Chloridion hingegen wird durch EPA-EPD-Wechselwirkung eingeleitet. Dem als EPD fungierenden Chloridion wird durch das als EPA fungierende Proton das Elektronenpaar weitgehend entrissen, so daß die Elektronenpopulation am Wasserstoff erhöht und diejenige am Chlor erniedrigt wird.

$$H^+ \leftarrow Cl^-$$
$$EPA \quad EPD$$

Das bedingt für beide Teile Funktionsumkehr: Wasserstoff wirkt als ED und Chlor als EA bis zur Einstellung der Polarität der H-Cl-Bindung:

$$H - Cl$$
$$ED \quad EA$$

Die Bildung des Jodwasserstoffmoleküls aus molekularem Wasserstoff und aus molekularem Jod erscheint ebenfalls plausibel*: Es fungiert das Wasserstoffmolekül als ED, wodurch seine Elektronenpopulation verringert, die H-H-Bindung polarisiert und geschwächt wird.

$$H \quad J$$
$$H \quad J$$
$$ED \quad EA$$

Das Jodmolekül fungiert hingegen als EA, wodurch es negativiert und die J-J-Bindung polarisiert wird. Die nun erfolgende Funktionsumkehr führt zur Ent-

---

* Allerdings wird auch ein anderer Mechanismus diskutiert. J. H. SULLIVAN, J. chem. Phys. **46**, 73 (1967); **47**, 1566 (1967).

faltung der EPD-Funktion am negativierten Ende des Jodmoleküls und zur Entfaltung der EPA-Funktion am positivierten Jodatom.

$$H^{\delta-} \rightarrow J^{\delta+}$$
$$H^{\delta+} \leftarrow J^{\delta-}$$

Die folgenden und als ED-EA-Wechselwirkungen aufzufassenden Elektronenverschiebungen bedingen die Trennung sowohl der H-H- als auch der J-J-Bindung unter Errichtung der H-J-Bindungen.

$$\begin{array}{cc} \text{EA} & \text{ED} \\ \text{H} - \text{J} \\ \text{H} - \text{J} \\ \text{ED} & \text{EA} \end{array}$$

In der dynamischen Betrachtungsweise ist beim Zustandekommen einer Bindung zwischen zwei ungleichartigen Atomen mindestens einmal Funktionswechsel erforderlich, und zwar in der Regel von ED-EA auf EPA-EPD-Wechselwirkung oder umgekehrt.

Je stärker die ED-EA-Wechselwirkung, um so stärker wird die Bindung polarisiert, und je stärker die EPD-EPA-Wechselwirkung, um so stärker sind die kovalenten Wechselwirkungen.

Mit steigender Polarisation der Bindung nimmt für den Bindungspartner im positiven Polarisationszustand die EPA-Funktion und für den Bindungspartner im negativen Polarisationszustand die EPD-Funktion zu.

Je stärker demnach die Unterschiede der Elektronegativitäten der Bindungspartner, um so stärker ist die Polarisation der Bindung und um so größer die koordinative Bindungsverstärkung durch Ausübung der EPD-EPA-Funktionen. Man kann auch sagen: Je stärker die Tendenz zur Ladungstrennung zwischen den Bindungspartnern durch Ausübung der ED-EA-Funktionen, desto stärker auch die kovalenten Bindungsanteile durch EPA-EPD-Wechselwirkung.

Es ist daher nicht nötig, hypothetische und unrealistische Resonanzformeln zur Erklärung des „Ionencharakters einer kovalenten Bindung" beizubehalten.

Die ED-EA-Wechselwirkung zwischen Wasserstoff- und Fluoratom ist bedeutend größer als zwischen Wasserstoff- und Jodatom; daher ist die H-F-Bindung entsprechend stärker polarisiert als die H-J-Bindung. Für die nun erfolgenden EPA-EPD-Wechselwirkungen sind zwei Effekte maßgeblich: Erstens ist das im Extremfall entstandene Fluoridion ein stärkerer EPD als das im Extremfall entstandene Jodidion. Zweitens ist durch die Wechselwirkung mit Wasserstoff die Ladungsübertragung zum Fluor weitergehend als diejenige zum Jod, so daß die Unterschiede in der Ausübung der EPD-Funktionen noch entsprechend gefördert werden.

Wie schon am Beispiel des HCl-Moleküls gezeigt wurde, ist es für das Ergebnis gleichgültig, ob in vorliegender Beschreibung von den Atomen oder von den Ionen ausgegangen wird. Im ersten Fall erfolgt die Einleitung der Dynamik durch ED-EA-Wechselwirkung und der Vollzug derselben durch induzierte EPA-EPD-Wechselwirkung, im zweiten Fall erfolgt zuerst EPD-EPA- und sodann die hiedurch induzierte EA-ED-Wechselwirkung.

4. Die koordinative Bindung

Es ist im Kapitel VI ausführlich dargelegt worden, daß die koordinations-
bedingte Ionisation einer kovalenten Bindung als das Ergebnis zweimaliger
Funktionsumkehr im Einklang mit dem chemischen Funktionsprinzip aufgefaßt
werden kann:

$$EPD + M - X \rightleftharpoons [EPD - M]^+ \cdot X^-$$

1. EPD EPA
2.   ED EA
3. EPD EPA

$$M - X + EPA \rightleftharpoons M^+[X \cdot EPA]^-$$

1.   EPD EPA
2. ED EA
3.   EPD EPA

Auf Grund der Überlegungen LINDQVISTs[4] über die Faktoren, welche die Bindungsabstände in EPD-EPA-Komplexen beeinflussen, wird bei Inanspruchnahme
der Elektronen eines EPD eine Zunahme des polaren Charakters der Bindung und
eine Zunahme des Bindungsabstandes eintreten[4, 5]. Andererseits bewirkt die
„Zunahme des s-Charakters" einer Bindung eine Verminderung des Bindungsabstandes[6, 7].

Im folgenden seien an Hand einiger Beispiele die Errichtung einer koordinativen
Bindung und ihre Folgen skizziert:

Bei der Bildung des Adduktes $SbCl_5 \cdot SeOCl_2$ durch Koordination des $SeOCl_2$-
Moleküls über den Sauerstoff an das $SbCl_5$-Molekül werden die Cl-Se-Bindungen
verkürzt, die Se-O-Bindungen und die Sb-Cl-Bindungen verlängert. Man kann in
funktioneller Betrachtungsweise die Dynamik der elektronischen Veränderungen
folgendermaßen wiedergeben:

$$\begin{array}{c} Cl \\ {\Large{>}}Se - O \rightarrow SbCl_5 \\ Cl \end{array}$$

1.   n-EPD σ-EPA
2.   ED EA ED EA
3. ED EA

1. Errichtung der koordinativen Bindung zwischen dem Sauerstoffatom und dem
   Antimonatom durch n-EPD–σ-EPA-Wechselwirkung.
2. *a)* Weitere Polarisation der Se-O-Bindung durch Verschiebung der Elektronen

   Se-O, welche als ED-EA-Wechselwirkung aufzufassen ist. Dies führt zur
   Bindungsverlängerung, Zunahme der Polarität und Schwächung der Bindung[4, 5].

   b) Geringfügige Erhöhung der Polarität der Sb-Cl-Bindungen durch Ausübung
   der ED-EA-Funktionen.

---

[4] LINDQVIST, I.: „Inorganic Adduct Molecules of Oxo-Compounds", Springer-Verlag,
Berlin-Göttingen-Heidelberg, 1963.

[5] BENT, H. A., J. Inorg. Nucl. Chem. **10**, 43 (1961).

[6] BROWN, M. G.: Trans. Farad. Soc. **55**, 694 (1959).

[7] HERMODSSON, Y.: Arkiv Kemi **31**, 218 (1969).

3. ED-EA-Wechselwirkungen innerhalb der Cl-Se-Bindungen, wodurch diese Bindungen verkürzt werden[4, 5]. (Die EA-Funktion des Selenatoms nach Ausübung der ED-Funktion ist nicht im Widerspruch zum Prinzip der chemischen Funktionsfolge, da jede dieser Funktionen gegenüber verschiedenartigen Atomen erfolgt.)

In der Verbindung $SeOCl_2(py)_2$ ist das Selenatom tetragonal pyramidal von einem Sauerstoffatom, zwei Cl-Atomen in Transstellung und von zwei Stickstoffatomen der Pyridinringe, ebenfalls in Transstellung, umgeben[8].

Im Addukt sind die Se-Cl- und die Se-O-Bindungsabstände deutlich größer als die Summe der kovalenten Radien, und auch die Se-N-Abstände sind größer als erwartet. Durch die EPD-EPA-Wechselwirkung zwischen dem Stickstoffatom der Pyridinringe und dem Selen als Koordinationszentrum wird die Elektronenpopulation an diesem beachtlich erhöht, und es kommt zur Zunahme des polaren Charakters aller Bindungen auf Grund der vom zentralen Selenatom ausgeübten relativ starken ED-Funktion gegenüber allen Liganden:

Als nächstes Beispiel diene die Betrachtung der Bildung des Ammoniumions aus Ammoniak und einem Proton. Der elektrophile Angriff des Protons am Stickstoff des Ammoniakmoleküls unter Ausübung der σ-EPA- bzw. n-EPD-Funktion veranlaßt das Stickstoffatom, seine Elektronenpopulation zu erniedrigen,

N fungiert als n-EPD
H^+ fungiert als σ-EPA

EPA EPD

und damit zur Funktionsumkehr unter schwacher Ausübung der EA-Funktion. Hiedurch werden die drei im NH_3-Molekül vorhandenen N-H-Bindungen, deren Bindungslänge 1,015 Å beträgt[9], nach Hybridisierung geschwächt und geringfügig gedehnt. Im Ammoniumion betragen die N-H-Abstände 1,031 Å[9], und die Bin-

---

[8] LINDQVIST, I., und G. NAHRINGBAUER: Acta Cryst. **12**, 638 (1959).

[9] Chem. Soc. Publ. Nr. 11 (1958) „Tables of Interatomic Distances and Configuration in Molecules and Ions".

dungen sind etwas stärker polar als im Ammoniakmolekül, im Einklang mit der leichteren Deprotonierbarkeit des ersteren:

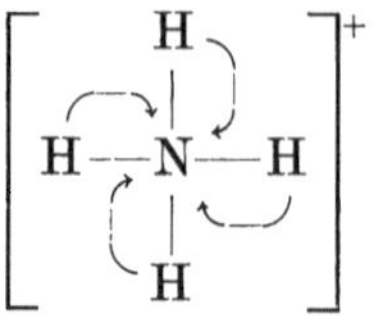

$$\left[\begin{array}{c} H \\ H \text{---} N \text{---} H \\ H \end{array}\right]^{+} \qquad \begin{array}{l} \text{N fungiert als EA} \\ \text{H fungiert als ED} \end{array}$$

Die Reaktion des Schwefeltrioxids mit Wasser kann folgendermaßen beschrieben werden: Mit der Ausübung der EPD-EPA-Wechselwirkung zwischen Wasser und Schwefeltrioxid geht eine Elektronenverschiebung vom Schwefel zu den schon vorhandenen Sauerstoffliganden Hand in Hand.

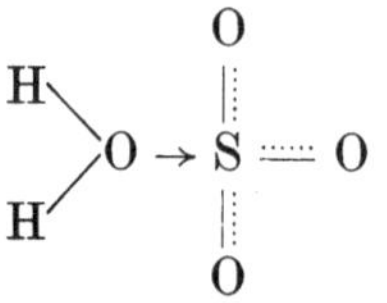

$$\begin{array}{c} H \\ \diagdown \\ O \to S \text{---} O \\ \diagup \\ H \end{array} \qquad \begin{array}{l} \text{S als EPA} \\ \text{O des Wassermoleküls als EPD} \end{array}$$

Infolge der Belastung der Elektronenpopulation des Schwefels unter Ausübung der EPA-Funktion gegenüber dem Sauerstoffatom des Wassers tritt eine Verschiebung von π-Elektronen zu den Sauerstoffatomen ein, welche zur Schwächung und weiteren Polarisation der S-O-Bindungen führt. Dies bewirkt die Verlängerung der S-O-Bindungslänge von 1,43 Å im SO_3-Molekül[10] zu einer solchen von 1,52 Å im Kristallgitter von $KHSO_4$[11].

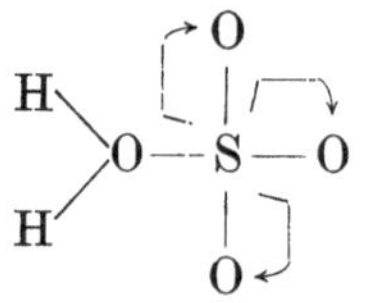

$$\begin{array}{c} H \\ \diagdown \\ O \text{---} S \text{---} O \\ \diagup \\ H \end{array} \qquad \begin{array}{l} \text{S als ED} \\ \text{O des } SO_3 \text{ als EA} \end{array}$$

Die Funktionsumkehr des Sauerstoffatoms des Wassers führt zur Ausübung der EA-Funktion gegenüber den als ED fungierenden Wasserstoffatomen; diese Wechselwirkung ist so stark, daß es zur fast vollständigen Polarisation der H-O-Bindungen kommt:

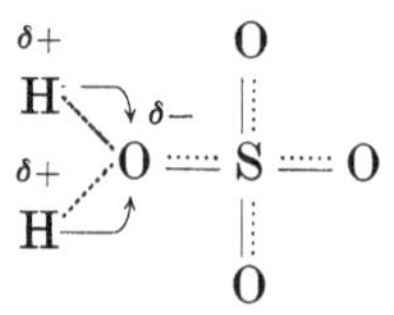

$$\begin{array}{c} \overset{\delta+}{H} \\ \diagdown \overset{\delta-}{} \\ \underset{\delta+}{} O \text{---} S \text{---} O \\ \diagup \\ H \end{array} \qquad \begin{array}{l} \text{H als ED} \\ \text{O des } H_2O\text{-Moleküls als EA} \end{array}$$

Es erfolgt sodann entweder Deprotonierung oder Wanderung des Protons an ein benachbartes Sauerstoffatom.

Da Schwefeldioxid im Vergleich zu Schwefeltrioxid nur schwächere EPA-Funktionen ausüben kann, so ist die Wechselwirkung mit Wasser schwächer; die schwefelige Säure ist weniger beständig und weniger leicht deprotonierbar.

In analoger Weise läßt sich die Bildung des Hydrogencarbonations aus Kohlendioxid und Hydroxidion deuten. Zunächst fungiert das C-Atom als σ-EPA und der Sauerstoff des OH^--Ions als EPD.

[10] PALMER, K. J.: J. Am. Chem. Soc. **60**, 2360 (1938).
[11] LOOPSTRA, L. H., und C. H. MACGILLAVRY: Acta Cryst. **11**, 349 (1958).

$$\begin{matrix} O \\ \parallel \\ C \leftarrow OH^- \\ \parallel \\ O \end{matrix}$$

C als EPA
O des OH^--Ions als EPD

Hiedurch wird am Kohlenstoffatom die Entfaltung der ED-Funktion hervorgerufen und die π-Elektronen der vorhandenen C=O-Bindungen zu den Sauerstoffatomen gedrängt, so daß die Bindungen während der Hybridisierung polarisiert werden.

$$\left[\begin{matrix} O \\ \\ O \end{matrix} \hspace{-6pt} > \hspace{-2pt} C = O - H \right]^-$$

C als ED
O als EA

Die C=O-Bindungslänge von 1,159 Å im CO_2-Molekül[12] ist kleiner als im Hydrogencarbonation. Im Kristallgitter von $NaHCO_3$ sind zwei C-O-Bindungen 1,263 Å und die dritte 1,346 Å. Man schreibt die längere Bindung jenem Sauerstoffatom zu, an welchem der Wasserstoff gebunden ist[13]. Am Sauerstoffatom der OH-Gruppe erfolgt die Entwicklung der EA-Funktion gegenüber dem Wasserstoffatom, so daß die OH-Bindung polarisiert wird.

$$\left[\begin{matrix} O \\ \\ O \end{matrix} \hspace{-6pt} > \hspace{-2pt} C = O - H \right]^-$$

O der OH-Gruppe als EA
H als ED

Schließlich sei die Bildung des Tetrafluoroborations aus Bor(III)-fluorid und Fluoridion erörtert, deren Wechselwirkung durch Betätigung der n-EPD-Funktion des Fluoridions und σ-EPA-Funktion am Boratom des BF_3-Moleküls erfolgt.

$$\begin{matrix} F \\ \vdots \\ F = B \leftarrow F^- \\ \vdots \\ F \end{matrix}$$

EPA EPD

Die hiedurch erfolgende Vermehrung der Elektronenpopulation am Bor veranlaßt dieses, als (schwacher) ED zu fungieren und die π-Bindungsanteile der B-F-Bindungen im Bor(III)-fluorid-Molekül beim Übergang in das $[BF_4]^-$-Ion auszuschalten. Dementsprechend sind die B-F-Bindungsabstände im BF_3-Molekül (1,30 Å) kleiner als im $[BF_4]^-$-Ion[14] (1,40 Å).

$$\left[\begin{matrix} F \\ F - B - F \\ F \end{matrix} \right]^-$$

B als ED
F als EA

<hr>

[12] PLYER, E. K., und E. F. BARKER: Phys. Rev. **38**, 1827 (1931) — DENNISON, D. M. Rev. Modern Phys. **12**, 175 (1940).

[13] ZACHARIASEN, W. H.: J. chem. Phys. **1**, 634 (1933).
   SASS, R. L., und R. F. SCHEUERMANN: Acta Cryst. **15**, 77 (1962).

[14] GMELIN: Handbuch der Anorganischen Chemie, Erg.-Bd. 13 (Bor), S. 171, 194, Verlag Chemie, Weinheim 1954.

Tab. 22 zeigt, daß auch in zahlreichen anderen Komplexen die M-X-Bindungsabstände wesentlich größer sind als in den EPA-Molekülen.

Tabelle 22. *Bindungsabstände in EPA-Molekülen und in ihren Komplexen*[9]

EPA-Molekül	M-X [Å]	Komplex	M-X [Å]
$CdCl_2$	2,235	$[CdCl_6]^{4-}$	2,53
SiF_4	1,54	$[SiF_6]^{2-}$	1,71
$TiCl_4$	2,18—2,21	$[TiCl_6]^{2-}$	2,35
$ZrCl_4$	2,33	$[ZrCl_6]^{2-}$	2,45
$GeCl_4$	2,08—2,10	$[GeCl_6]^{2-}$	2,35
GeF_4	1,67	$[GeF_6]^{2-}$	1,77
$SnBr_4$	2,44	$[SnBr_6]^{2-}$	2,59—2,64
$SnCl_4$	2,30—2,33	$[SnCl_6]^{2-}$	2,41—2,45
SnJ_4	2,64	$[SnJ_6]^{2-}$	2,85
$PbCl_4$	2,43	$[PbCl_6]^{2-}$	2,48—2,50
PF_5	1,54—1,57	$[PF_6]^{-}$	1,73
$SbCl_5$	2,31	$[SbCl_6]^{-}$	2,47
SO_2	1,43	$[SO_3]^{2-}$	1,50
SeO_2	1,61	$[SeO_3]^{2-}$	1,74
JCl	2,30	$[JCl_2]^{-}$	2,36
J_2	2,66	$[J_3]^{-}$	2,83

5. Die kovalente Bindung zwischen gleichartigen Atomen

Wie gezeigt wurde, kann die Dynamik der elektronischen Wechselwirkung in verschiedenartig gelagerten Fällen mit Hilfe des Prinzips der chemischen Funktionsumkehr beschrieben werden. Es ist daher anzunehmen, daß auch bei der Errichtung einer kovalenten Bindung zwischen zwei gleichartigen Atomen grundsätzlich die gleichen Prinzipien maßgeblich sein werden.

Man könnte z. B. annehmen, daß beim Zusammentreten von zwei Wasserstoffatomen zu einem Wasserstoffmolekül eine (teilweise) Elektronenübertragung durch ED-EA-Wechselwirkung eintritt, wodurch ein positiviertes und ein negativiertes Wasserstoffatom entstehen. Dadurch würde eines der beiden s-AtomOrbitale entlastet und zur Entfaltung der EPA-Funktion befähigt. Die am negativierten Wasserstoffatom erhöhte Elektronenpopulation drängt zur Übernahme der EPD-Funktion, und die Elektronen werden in die bindenden Molekülorbitale eingeschleust.

Es erscheint plausibel, anzunehmen, daß die Entlastung und Belastung von Orbitalen eine Voraussetzung zur Umgestaltung der Atomorbitale in die Molekülorbitale darstellt.

6. Back-Donation

Die Bedeutung der funktionellen Betrachtungsweise kommt besonders bei der Behandlung der Back-Donation zum Ausdruck, wie die Betrachtung der gedanklichen Herausnahme der Errichtung einer einzelnen Fe—CO-Bindung in Pentacarbonyleisen(0) zeigt.

Das Kohlenmonoxidmolekül kann als nur außerordentlich schwacher n-EPD fungieren, und es ist keine Verbindung bekannt, die durch EPA-CO-Wechselwirkung allein zustande kommt. Die Bindungsenthalpie einer hypothetischen σ-Bindung (ohne π-Verstärkung) zwischen Eisen(0) und dem Kohlenmonoxidmolekül dürfte in der Größenordnung von 10^{-1} kcal $\cdot$ mol^{-1} liegen.

Es bewirkt die durch Wechselwirkung des Kohlenmonoxids mit einem EPA erfolgende geringfügige Verminderung seiner Elektronenpopulation ein Erlöschen der EPD-Funktion unter Funktionsumkehr, und zwar die Entfaltung der π-EPA-Funktion. Man kann auch sagen: Das Kohlenmonoxidmolekül reagiert außerordentlich empfindlich auf seine eigene Reaktion.

Eisen(0) ist ein sehr schwacher EPA, welcher ähnlich empfindlich auf die Veränderung seiner elektronischen Umgebung reagiert wie das Kohlenmonoxidmolekül. Die durch Wechselwirkung mit dem als EPD fungierenden CO erfolgende geringfügige Vermehrung seiner Elektronenpopulation führt zur Funktionsumkehr als π-EPD, und zwar unter Heranziehung von in d-Orbitalen untergebrachten Elektronen. Nun sind die ursprünglichen Funktionen der Reaktionspartner vertauscht worden, und die weitere Wechselwirkung führt zur zunächst nur schwachen dπ-pπ-Bindungsverstärkung.

Da n-EPD- und π-EPA-Funktionen nicht korreliert sind, ist es im Einklang mit dem chemischen Funktionsprinzip, wenn nach Ausübung einer n-EPD-Funktion die Funktionsumkehr unter Entfaltung einer π-EPA-Funktion erfolgt und umgekehrt.

Auch die Bindungsenergie der nun vorliegenden dπ-pπ-Bindung wird in der gleichen Größenordnung liegen wie diejenige der hypothetischen σ-Bindung allein. Die hiedurch verstärkte Bindung führt zu weiterer Annäherung der beiden Kerne und zu weiterer Durchdringung der beiden Elektronenhüllen.

Die zuletzt ausgeübten Funktionen (π-EPD-Funktion des Eisenatoms und π-EPA-Funktion des CO-Moleküls) veranlassen die Funktionsumkehr für jeden der Reaktionspartner. Die Elektronenpopulation wurde nämlich durch die dπ-pπ-Wechselwirkung am CO so weit erhöht, daß es wieder gerade als n-EPD, und diejenige am Eisen so weit erniedrigt, daß es gerade als σ-EPA gegenüber dem schon schwach gebundenen CO fungieren kann. Hiedurch kommt es zu stärkerer Überlappung der bindenden Orbitale, damit zu weiterer Annäherung der Bindungspartner und abermaliger Funktionsumkehr. Eisen fungiert nun zum zweitenmal als π-EPD und CO ebenfalls zum zweitenmal als π-EPA, so daß die dπ-pπ-Bindung verstärkt wird. Durch häufige Wiederholung dieser alternierenden Vorgänge kommt es zu laufender Verstärkung der Wechselwirkung bis zur Erreichung des Endzustandes.

Das System schwingt sich quasi unter laufender Bindungsverstärkung ein und gelangt schließlich in die Gleichgewichtslage.

Die Dynamik der Errichtung dieser Bindung durch wiederholte Funktionsumkehr der beiden Reaktionspartner ist aber nur dann möglich, wenn beide Teile

a) in ihren Elektronenpopulationen nur wenig von der Idealität abweichen und
b) auf die Reaktion des Partners besonders empfindlich ansprechen und zur Funktionsumkehr schon durch schwache elektronische Wechselwirkung befähigt sind.

Wäre nämlich das Kohlenmonoxidmolekül ein starker EPD, dann würde es auch nach der Wechselwirkung mit dem Eisen(0) immer noch als EPD fungieren und daher nicht zur Aufnahme der d-Elektronen befähigt sein, so daß die Dynamik der Bindungsverstärkung nicht einmal eingeleitet werden könnte. Könnte andererseits Eisen(0) als stärkerer EPA gegenüber dem Kohlenmonoxid fungieren, so würde es auch nach Errichtung einer σ-Bindung eine immer noch zu geringe Elektronenpopulation besitzen und wäre nicht in der Lage, sodann als π-EPD zu fungieren: die $d\pi$-$p\pi$-Wechselwirkung könnte nicht erfolgen. Tatsächlich sind keine Carbonyle von Metallen in höheren Oxidationszahlen (stärkere EPA) bekannt.

Es ist für das Zustandekommen dieses Bindungstyps geradezu erforderlich, daß die Reaktionspartner ihre Funktionen nur in außerordentlich schwachem Maße ausüben und hiedurch sofort zur Funktionsumkehr entsprechend dem chemischen Funktionsprinzip veranlaßt werden.

Kapitel XIV

Katalyse

1. Allgemeine Beschreibung

Die Bedeutung der funktionellen Zusammenhänge kommt, wie im folgenden gezeigt wird, bei der Interpretation katalytischer Vorgänge besonders deutlich zum Ausdruck.

Für die Funktionsfähigkeit eines katalytischen Systems müssen folgende Bedingungen erfüllt sein[1]:

Die Elektronenpopulation am Katalysator muß so beschaffen sein, daß sie

1. zur Ausübung entweder einer Donor- oder einer Acceptorfunktion gegenüber einem der Reaktanten befähigt ist,

2. diesem Reaktanten die Umkehr der dem Katalysator gegenüber ausgeübten Funktion (unter Einhaltung des Prinzips der chemischen Funktionsfolge) aufzwingt, welche die Reaktion mit dem Reaktionspartner ermöglicht, und

3. nach der unter 1 erfolgten Veränderung durch Umkehr der dem Reaktanten gegenüber ausgeübten Funktion die Rückkehr des Katalysators in den Anfangszustand gestattet.

Bei jedem dieser elementaren Vorgänge scheinen die Elektronen einer Art Schaukelbewegung zu unterliegen und auf diese Weise zwischen Reaktant bzw. Reaktionspartner und Katalysator hin- und herzugehen, so daß das gesamte System als eine Art *„Elektronenpumpe"* funktioniert. Es ist klar, daß diesen entscheidenden Bedingungen nur eine bestimmte Elektronenpopulation am Katalysator gerecht werden kann. Der Katalysator mit optimaler Elektronenpopulation ist der aktivste für die betreffende Reaktion.

Entscheidend für die alternierenden Funktionsausübungen ist, daß sie vom Reaktionsmechanismus unabhängig sind. Selbstverständlich müssen die sterischen und strukturellen Voraussetzungen gegeben sein, um die gegenseitige Beeinflussung der Elektronenwolken zu ermöglichen.

2. Hydrierung von Olefinen an einem Nickelkatalysator

Von den zahlreichen Arbeiten[2] seien die von BEECK[3] und EUCKEN[4] angeführt: Ersterer zeigte, daß Äthylen sehr rasch mit zuvor am Nickelkatalysator adsorbier-

[1] GUTMANN, V., und H. NOLLER: Mh. Chem. **102**, 20 (1971).

[2] ELEY, D. D.: „Catalysis", Vol. III, Ed. P. H. EMMETT, Reinhold Publ. Corp., New York, 1955.

[3] BEECK, O.: Disc. Faraday Soc. **8**, 118 (1950).

[4] EUCKEN, A.: Z. Elektrochem. **54**, 108 (1950).

tem Wasserstoff reagiert, während die Reaktion von Wasserstoff mit zuvor adsorbiertem Äthylen sehr langsam ist. Er schloß daraus, daß die Reaktion beim Stoß eines Äthylenmoleküls aus der Gasphase auf chemisorbierten Wasserstoff stattfindet. EUCKEN[4] fand entsprechende Verhältnisse bei der Hydrierung von Cyclohexen.

Bei stärkerer Bedeckung der Oberfläche des Katalysators mit Wasserstoff, was in der Praxis der Katalyse fast immer der Fall ist, liegt der Wasserstoff in positiver Form adsorbiert vor[5-10]. Es fungiert also der metallische Katalysator bei der Wechselwirkung mit dem Wasserstoffmolekül als Elektronenacceptor und Wasserstoff als (schwacher) Donor für Elektronen (Abb. 61a und 62b). Hiedurch wird

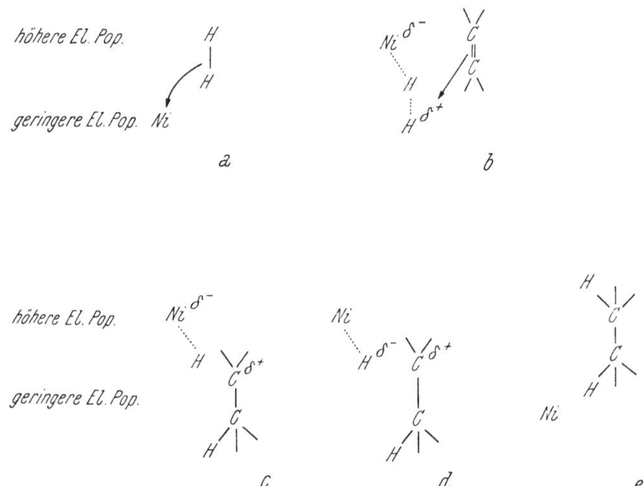

Abb. 61. Elektronische Beschreibung der Hydrierung eines Olefins an einem Nickelkatalysator

die Elektronenpopulation am Katalysator vermehrt und diejenige am Wasserstoffmolekül verringert (Abb. 61b). Die dadurch bedingte Polarisation der Bindung des am Katalysator adsorbierten Wasserstoffes bedingt einerseits eine Schwächung der H-H-Bindung (Abb. 62c), welche bis zur Bindungstrennung führen kann, andererseits die Bereitschaft zur Entwicklung der Funktion als Elektronenacceptor (seine Elektronenpopulation wieder zu vermehren); nach dem Prinzip der chemischen Funktionsfolge[1] wird die EPA-Funktion ausgeübt: Der adsorbierte Wasserstoff zeigt im Gegensatz zum freien Wasserstoffmolekül die Tendenz, als Lewis-Säure zu fungieren. Da das olefinische Molekül als π-Elektronenpaardonor fungieren kann, kommt es zur Wechselwirkung mit dem adsorbierten Wasserstoff. Das π-Elektronenpaar greift am Wasserstoff nucleophil an

[5] MIGNOLET, J. C. P.: Disc. Faraday Soc. **8**, 105 (1950).

[6] TRETJAKOW, I. I., und J. A. BALOWNEW: Sammlung: „Mechanismus der Wechselwirkung von Gasen mit Metallen" (russ.), Nauka 1964.

[7] SUHRMANN, R., A. HERMANN und G. WEDLER: Z. physik. Chem. (N. F.) **20**, 332 (1959).

[8] SACHTLER, W. M. H., und G. J. H. DORGELO: Bull. Soc. Chim. Belg. **67**, 465 (1958); Z. physik. Chem. (N. F.) **25**, 69 (1960).

[9] SAWTSCZENKO, W. I., und G. K. BORESSKOW: Kinetika u Katalis (russ.) **9**, 142 (1968).

[10] WEDLER, G.: „Adsorption", Verlag Chemie, Weinheim, 1970.

(Abb. 61 b und 62 d). Dadurch wird die Elektronenpopulation am adsorbierten Wasserstoff erhöht und die Trennung der schon geschwächten H-H-Bindung erreicht. Das mit den π-Elektronen in unmittelbarer Wechselwirkung stehende Wasserstoffatom ist an eines der beiden C-Atome getreten (Abb. 61 c und 62 e), und

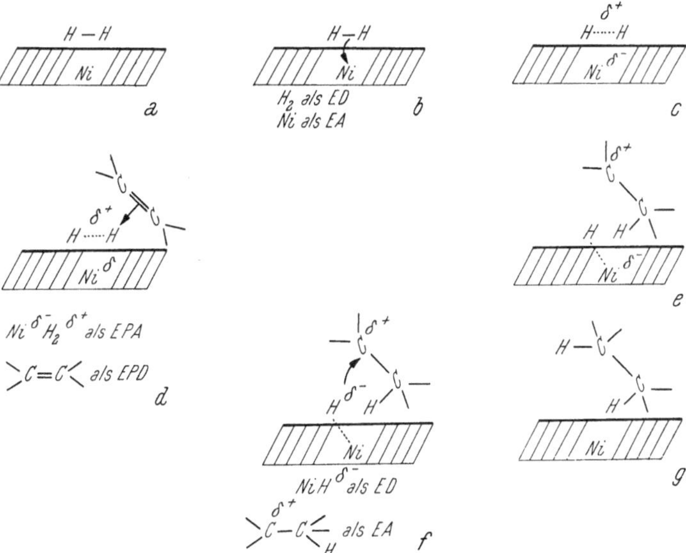

Abb. 62. Darstellung der chemischen Funktionsfolge bei der Hydrierung eines Olefins an einem Nickelkatalysator

das verbleibende adsorbierte Wasserstoffatom wird an das benachbarte Kohlenstoffatom angelagert (Abb. 61 d und 62 f). Am metallischen Katalysator erfolgt nun eine Verminderung der Elektronenpopulation, und er kehrt in den Ausgangszustand zurück (Abb. 61 e und 62 g).

Die geschilderten Vorgänge spielen sich jeweils in einem begrenzten Bereich der Oberfläche und des angrenzenden inneren Volumens ab. Dort kommt es bei jedem einzelnen Hydriervorgang, d. h. bei jeder Addition eines H_2-Moleküls an eine Doppelbindung, zuerst zu einer Erhöhung und dann wieder zu einer Erniedrigung der Elektronenpopulation am Katalysator; er muß zur Funktionsumkehr befähigt sein.

Das Wasserstoffmolekül fungiert bei der Adsorption am Katalysator als Elektronendonor und wird dadurch zum Funktionswechsel gezwungen. Es fungiert nun als EPA, so daß die Voraussetzung zur Reaktion mit dem als EPD fungierenden Olefin erfüllt ist.

Eine Veränderung der Elektronenpopulation am Katalysator kann eine entscheidende Veränderung der katalytischen Eigenschaften mit sich bringen. Es ist z. B. bekannt, daß die Dotierung des Nickels mit Wasserstoff eine Verbesserung der katalytischen Eigenschaften mit sich bringt.

Ein Elektronenübergang vom Reaktanten auf den Katalysator war von SCHWAB[11] schon vor längerer Zeit zur Deutung seiner Ergebnisse bei der De-

---

[11] SCHWAB, G. M.: Disc. Faraday Soc. **8**, 166 (1950); Angew. Chem. **75**, 149 (1963).

hydrierung der Ameisensäure an Hume-Rothery-Legierungen angenommen
worden. Selbstverständlich müssen die auf den Katalysator übergegangenen Elektronen im weiteren Verlauf des Reaktionsaktes wieder zum Reaktanten zurück-
kehren. Heute ist dieser Gedanke weitgehend acceptiert und wird auch zur
Deutung der Trägerwirkung bei Katalysatoren herangezogen[12].

3. Dehydrierung der Ameisensäure an Metallkatalysatoren

Bei der Dehydrierung der Ameisensäure an Metallen der Gruppen I b und VIII
sowie an Wolfram[13,14] wird intermediär die Bildung eines Formiats an der Oberfläche des betreffenden Metalls angenommen, ein Zustand, in dem offensichtlich
das Formiation als EPD und der Katalysator als EPA fungieren. Die katalytische
Aktivität steigt nicht monoton mit der Bildungsenthalpie des Metallformiats, sondern erreicht bei den Platinmetallen — deren Formiate eine mittlere Bildungsenthalpie von ca. 80 kcal/val haben — ein Maximum. Goldformiat hat eine Bildungsenthalpie von nur etwa 60 kcal/val. Gold ist kein aktiver Katalysator, vermutlich
weil die Wechselwirkung und damit auch die Adsorption zu gering ist; die
höchste Bildungsenthalpie hat Wolframformiat (etwa 105 kcal/val). An Wolfram
wird die Ameisensäure zwar rasch adsorbiert, aber die Funktionsumkehr des
Wolframs ist schwer möglich, und das einmal gebildete Formiat bleibt bestehen.

4. Hydrierung von Olefinen mit Hilfe des Vaska-Komplexes

Untersuchungen über die Hydrierung mit Hilfe des sogenannten „Vaska-
Komplexes"[15]

$$\begin{array}{ccc} R_3P & & CO \\ & Ir & \\ R_3P & & X \end{array} \qquad \text{mit } X = Cl, Br, J$$

haben ebenfalls gezeigt, daß es eine optimale Elektronendichte am Iridium(+I)
für die katalytische Wirksamkeit gibt[16]. STROHMEIER und ONADA[16] haben die
Substituenten R_3P und X am Iridium variiert und aus der Lage der CO-Frequenz
auf die Elektronendichte am Iridium im Komplex geschlossen. Ist diese zu hoch,
dann wird dem Wasserstoff kein genügend hoher Ladungszustand erteilt, um als
Lewis-Säure mit dem π-EPD zu reagieren. Ist sie aber zu gering, dann wird zwar
das Wasserstoffmolekül polarisiert und zur Ausübung der EPA-Funktion befähigt,

[12] SOLYMOSI F.: Catalysis Reviews 1, 233 (1968).

[13] FAHRENFORT, J., L. L. VAN REIJEN und W. M. H. SACHTLER: „The Mechanism of Heterogeneous Catalysis", Ed. J. H. DE BOER et al., Elsevier, Amsterdam, 1960, S. 23.

[14] THOMAS, J. M., und W. J. THOMAS: „Introduction to the Principles of Heterogeneous
Catalysis", Academic Press, London-New York, 1967, S. 314.

[15] EBERHARDT, G. G., und L. VASKA: J. Catalysis 8, 183 (1967).

[16] STROHMEIER, W., und T. ONADA: Z. Naturf. 23 b, 1527 (1968).

aber am Katalysator wird hiedurch nicht jene Elektronenpopulation erreicht, welche seine Funktionsumkehr ermöglicht, um als ED in den Ausgangszustand zurückzukehren; der Katalysator kann sich nicht mehr regenerieren, und die weitere Elektronenübertragung ist nicht möglich.

Bei der Verwendung des Vaska-Komplexes lassen sich die Verhältnisse in Analogie zur Hydrierung mit dem Nickelkatalysator darstellen (Abb. 63). Der

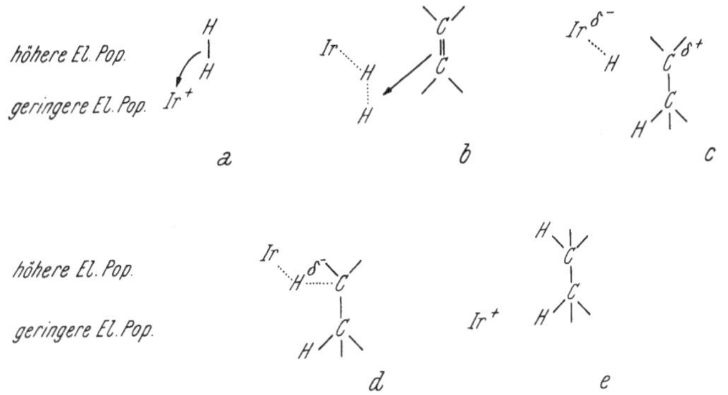

Abb. 63. Darstellung der chemischen Funktionsfolge bei der Hydrierung eines Olefins mit Hilfe des sogenannten Vaska-Komplexes (Ir^+)

Katalysator adsorbiert und polarisiert das H_2-Molekül, so daß eine Elektronenverschiebung vom Wasserstoffmolekül zum Katalysator erfolgt. Dadurch wird dem polarisierten Wasserstoffmolekül die Ausübung der Funktion als EPA gegenüber dem Olefin ermöglicht: Die H-H-Bindung wird getrennt und der Katalysator, wie oben beschrieben, durch Addition der Wasserstoffatome an das Olefin von der zufolge der Adsorption des Wasserstoffmoleküls erhöhten Elektronenpopulation entlastet und in den Ausgangszustand zurückgeführt.

Die Wirkung des Systems als Elektronenpumpe unter Erfüllung des Prinzips der chemischen Funktionsfolge ist ebenso möglich, wenn man nach VASKA und DILUZIO[17] annimmt, daß der Katalysator als Elektronendonor gegenüber dem Wasserstoffmolekül fungiert. Die Verminderung der Elektronenpopulation am Katalysator veranlaßt diesen, als Elektronenpaaracceptor zu fungieren, so daß es zur Wechselwirkung mit einem Olefinmolekül kommt. Dadurch wird die Elektronenpopulation am Katalysator wieder erhöht und diejenige am Olefin so weit herabgesetzt, daß seine Funktionsumkehr ermöglicht wird und die Wechselwirkung mit dem als Elektronendonor fungierenden Wasserstoffmolekül unter Herstellung der endgültigen Elektronenpopulation am Reaktionsprodukt erfolgt.

Im folgenden sei dieselbe Reaktion — die Katalyse der Hydrierung von Olefinen mit Hilfe des Vaska-Komplexes — unter der Voraussetzung betrachtet, daß der Katalysator als Elektronenacceptor zunächst mit dem Olefin in Wechselwirkung trete (Abb. 64).

Fungiert der Katalysator gegenüber dem Olefin als Acceptor für Elektronen, so wird dadurch die Elektronenpopulation am Katalysator erhöht und diejenige

---

[17] VASKA, L., und J. W. DILUZIO: J. Am. Chem. Soc. **84**, 679 (1962).

des Olefins verringert (Abb. 64 b). Hiedurch wird das Olefin zur Funktionsumkehr veranlaßt und reagiert als Acceptor für Elektronen mit dem Wasserstoffmolekül, dessen H-H-Bindung hiedurch geschwächt und polarisiert wird. Durch die Reak-

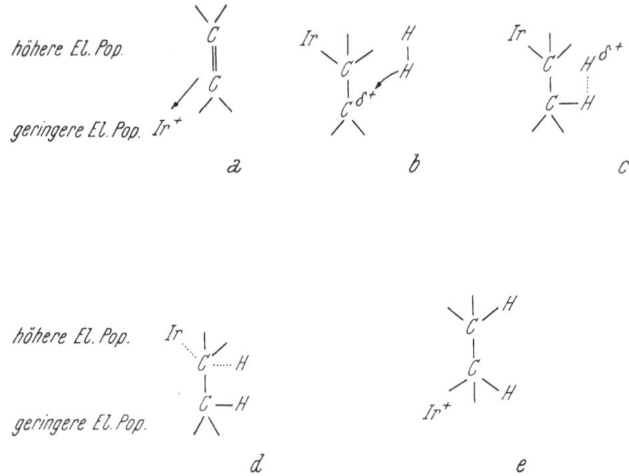

Abb. 64. Elektronische Beschreibung der katalytischen Hydrierung eines Olefins mit Hilfe des Vaska-Komplexes (Ir⁺) unter der Annahme, daß im ersten Reaktionsschritt das Olefin mit dem Katalysator reagiert

tion Wasserstoff–Olefin entsteht eine zu geringe Elektronenpopulation am Reaktionsprodukt. Diese wird dadurch ausgeglichen, daß der Katalysator als Elektronendonor fungiert. Dabei übernimmt er die entgegengesetzte Funktion, welche vorher gegenüber dem Olefin ausgeübt wurde, und kehrt dadurch in seinen Ausgangszustand zurück.

5. Katalytische Anlagerung von Halogenwasserstoff an Olefine

Bei der Anlagerung von Chlorwasserstoff an Olefine an einem Metallsalz als Katalysator[18-20], z. B. einem Erdalkalichlorid, lassen sich analoge Überlegungen anstellen, welche ebenfalls unabhängig von den Einzelheiten des Reaktionsmechanismus sind. Es lassen sich folgende Möglichkeiten diskutieren:

1. Die Katalyse erfolge unter Polarisation der H-Cl-Bindung durch die Wechselwirkung der als EPD fungierenden negativen Seite H-Cl → mit dem als EPA fungierenden Metallion des Katalysators, dessen Elektronenpopulation hiedurch erhöht wird. Nun fungiert Cl als EA und H als ED, so daß die H-Cl-Bindung durch den elektrophilen Angriff des EPA stark polarisiert oder sogar ionisiert wird (Abb. 65a); es entstehen ein Proton und ein Chloridion. Dafür, daß die Reaktion über weitgehend ionische Übergangszustände verläuft, spricht unter anderem die

[18] NOLLER, H., und H. WOLFF: Mitt. der Chem. Ges. DDR, Sonderheft 1959, Katalyse, S. 232.

[19] LETTERER, K., und H. NOLLER: Z. physik. Chem. (N. F.) **67**, 317 (1969).

[20] ANDRÉU, P., H. NOLLER und M. PÁEZ: Anal. Real. Soc. Españ. Fisica y Quimica, Ser. M. Quim. **65**, 921 (1969).

Tatsache, daß sie ohne erkennbare Abweichung der Regel von MARKOWNIKOW (Chlor geht an das an Wasserstoff ärmere Kohlenstoffatom) folgt. Das Proton greift als EPA elektrophil an einem C-Atom des als π-EPD fungierenden Olefins an (Abb. 65b). Dadurch wird die Elektronenpopulation an diesem so erniedrigt, daß am benach-

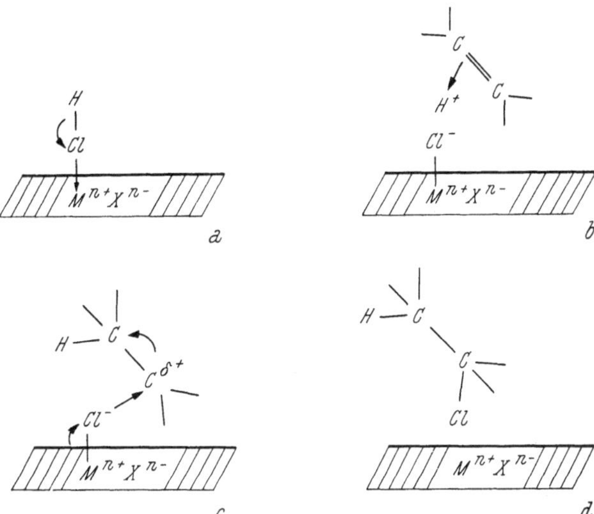

Abb. 65. Katalytische HCl-Anlagerung an ein Olefin an einem Metallsalzkatalysator, ausgelöst durch nucleophilen Angriff des HCl-Moleküls am Kation des Katalysators

barten C-Atom ein als EPD fungierendes Chloridion von der Katalysatoroberfläche zum nucleophilen Angriff gelangt (Abb. 65c). Hiedurch wird die Elektronenpopulation am katalysierenden Kation wieder erniedrigt und die Ausgangsposition desselben

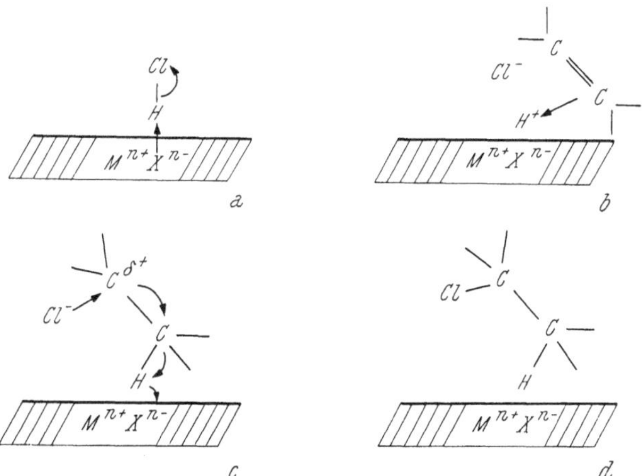

Abb. 66. Katalytische HCl-Anlagerung an ein Olefin an einem Metallsalzkatalysator, ausgelöst durch elektrophilen Angriff des HCl-Moleküls am Anion des Katalysators

hergestellt. Auch in diesem Fall wird die Elektronenpopulation des Katalysators zunächst erhöht und der Reaktant polarisiert, wahrscheinlich sogar bis zur Bildung ionischer Zwischenstufen; schließlich kehrt der Katalysator durch Abgabe des „adsorbierten" Chloridions wieder in den Zustand seiner ursprünglichen Elektronenpopulation zurück. Ein solcher Additionsmechanismus wäre eine Umkehr des mit E 1 bezeichneten Eliminierungsmechanismus.

2. Das H-Cl-Molekül trete mit dem als EPA fungierenden positiven Ende → H-Cl in Wechselwirkung mit dem Anion des Katalysators. Hiedurch wird die H-Cl-Bindung ionisiert und das Proton am Katalysator festgehalten. Dieses greift elektrophil ein C-Atom der C=C-Bindung an (Abb. 66 b). Hiedurch erfolgen Addition desselben und eine Verringerung der Elektronenpopulation am zweiten C-Atom der C=C-Bindung, so daß dort die EPA-Funktion gegenüber dem Chloridion entwickelt wird. Dadurch wird die Anlagerung des Chloridions ermöglicht. Schließlich erfolgt die Wiederherstellung der ursprünglichen Elektronenpopulation am Anion des Katalysators.

3. Es ist schließlich möglich, daß das HCl-Molekül derart an der Katalysatoroberfläche auftrifft, daß sein Wasserstoffatom mit einem Anion und sein Chloratom mit einem Kation des Katalysators in Wechselwirkung treten können (Abb. 67 a). Dadurch wird, wie schon bei der Behandlung der Ionisation kovalen-

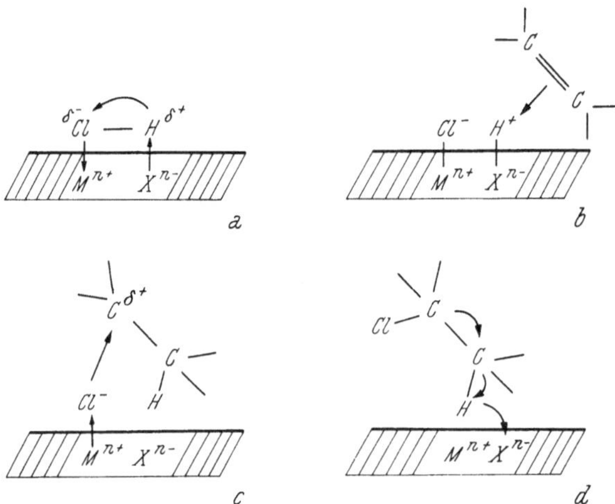

Abb. 67. Katalytische HCl-Anlagerung an ein Olefin an einem Metallsalzkatalysator, ausgelöst durch Wechselwirkung des HCl-Moleküls sowohl mit dem Kation als auch mit dem Anion des Katalysators

ter Bindungen ausgeführt wurde (Kapitel VI), die Bildung der Ionen in besonderem Maße gefördert, welche nun mit dem Olefin reagieren können (Umkehr einer Eliminierung nach E 2).

Tatsächlich werden alle diskutierten Mechanismen möglich sein, je nach den Bedingungen, insbesondere der Temperatur, und je nachdem, wie die Moleküle auf die Katalysatoroberfläche auftreffen. Daß eine Reaktion sich nicht auf einen einzigen Mechanismus beschränkt, konnte kürzlich für den umgekehrten Reaktionstyp, die Eliminierung, gezeigt werden[21-23]. Je nach der Art des Katalysators und der Temperatur wird der E 1- oder E 2-Mechanismus bevorzugt. Ein im unteren

[21] NOLLER, H., H. HANTSCHE und P. ANDRÉU: J. Catalysis 4, 352 (1965).

[22] NOLLER, H., P. ANDRÉU, E. SCHMITZ, S. SERAIN, O. NEUFANG und J. GIRÓN: Proc. 4th Intern. Congr. Catal. Paper, Nr. 81.

[23] LÓPEZ, F., P. ANDRÉU, P. BLASSINI, M. PÁEZ und H. NOLLER: J. Catalysis. 18, 233 (1970).

Temperaturbereich beobachteter E2-Mechanismus geht aber in allen Fällen mit steigender Temperatur zunehmend nach E 1 über.

Es ist ohne Zweifel der besondere Vorzug der vorliegenden Betrachtungsweise, daß sie vom Mechanismus unabhängig ist.

6. Katalytische Oxidation mit Sauerstoff

Bei der Oxidation des Schwefeldioxids mit Sauerstoff an einem Vanadin(V)-oxid-Katalysator[24-26] wird die Sauerstoffadsorption am Katalysator als der geschwindigkeitsbestimmende Schritt angesehen[24-26]. Entsprechend den oben entwickelten Vorstellungen wird folgende Funktionsweise vorgeschlagen:

Im Katalysator ist durch vorhandene V^{4+}-Ionen[27] die Elektronenpopulation hoch. Sie ermöglicht die Donorfunktion des Katalysators gegenüber dem Sauerstoffmolekül, dessen Elektronenpopulation hiedurch erhöht und dessen O=O-Bindung geschwächt wird. Der elektronenreichere Sauerstoff kann nun als Lewis-Base fungieren und mit dem als EPA fungierenden Schwefeldioxid in Wechselwirkung treten. Durch den hiedurch am Sauerstoff erfolgenden Elektronensog wird die Trennung der O=O-Bindung ermöglicht und ein Sauerstoff an das SO_2 angelagert. Bei der Desorption werden Elektronen vom Katalysator, dessen Elektronenpopulation durch die Wechselwirkung mit dem Sauerstoff vermindert worden war, aufgenommen, so daß der Katalysator die katalytische Aktivität wiedergewinnt.

Die katalytische Oxidation des Ammoniaks mit Sauerstoff zu Stickstoffmonoxid ist ohne Zweifel kompliziert. Auf Grund der chemischen Funktionslehre ist zu erwarten, daß durch Wechselwirkung mit dem Katalysator die Elektronenpopulation des Sauerstoffmoleküls vermindert wird. Dadurch werden die EPA-Eigenschaften erhöht, und es wird die Wechselwirkung mit den als EPD fungierenden Ammoniakmolekülen gefördert.

7. Schlußbetrachtung

Mit Hilfe des Funktionsmodells der dynamischen Wirkungsweise eines Katalysators wird es auch möglich sein, das katalytische Geschehen bei biochemischen und biologischen Vorgängen zu deuten. Das Enzym Kohlensäureanhydrase muß bei der Infreiheitsetzung von Kohlendioxid aus dem Hydrogencarbonation imstande sein, den in Kapitel XIII, Seite 135, gezeigten Reaktionsablauf, aber in entgegengesetzter Richtung, zu steuern.

Obwohl die chemische Funktionslehre zur Beschreibung der verschiedenartigsten katalytischen Phänomene herangezogen werden kann, bleibt doch die bedeutsame Frage offen, auf welche Weise man die jeweils geeignete Elektronenpopulation ermitteln kann.

[24] DIXON, J. K., und J. E. LONGFIELD: „Catalysis", Vol. VII, Ed. P. H. EMMETT, Reinhold Publ. Corp., New York, 1960, S. 326, 347.

[25] MARS, P., und J. G. H. MAESSEN: J. Catalysis **10**, 1 (1968).

[26] BORESKOW, G. K., R. A. BUJANOW und A. A. IWANOW: Kinetika i Katalis (russ.) **8**, 153 (1967).

[27] SHVETS, V. A., M. E. SARICHEV und V. B. KASANSKY: J. Catalysis **11**, 373 (1968).

Thermochemie der chemischen Bindung

Unter der Bindungsenergie eines zweiatomigen Moleküls A—B versteht man die Energie, die aufzuwenden ist, um das gasförmige Molekül homolytisch, d. h. in die ungeladenen gasförmigen Atome A und B, zu spalten, und sie möge daher im folgenden als *homolytische Dissoziationsenthalpie* D_{hom} bezeichnet werden.

Grundsätzlich ist auch eine Dissoziation des Moleküls A—B in die gasförmigen Ionen A^+ und B^- (bzw. A^- und B^+) möglich; die hiezu erforderliche Energie sei im folgenden als *heterolytische Dissoziationsenthalpie* D_{het} bezeichnet. Zwischen D_{hom} und D_{het} besteht ein aus dem skizzierten Kreisprozeß

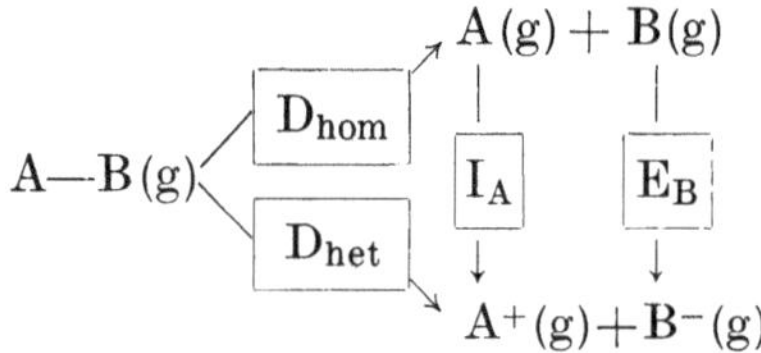

I_A ... Ionisierungsenergie des Atoms A
E_B ... Elektronenaffinität des Atoms B

ersichtlicher Zusammenhang, der bisher nicht beachtet wurde:

$$D_{het} = D_{hom} + I_A + E_B$$

Tabelliert man D_{hom} und D_{het} für verschiedene zweiatomige Moleküle, so zeigt sich, daß die Werte von D_{het} vielfach einen Gang aufweisen, der dem vom Experiment her bekannten Verhalten dieser Verbindungen hinsichtlich Löslichkeit oder Ionisierbarkeit entspricht:

Bei den Alkalihalogeniden nehmen bei gegebenem Anion die D_{hom}-Werte von Li^+ zu Na^+ ab, sind für K^+ etwas größer als für Na^+, und die Werte für K^+, Rb^+ und Cs^+ sind fast gleich groß (Tab. 23). Die D_{het}-Werte nehmen dagegen vom Li^+ zum Cs^+ ab; konform damit wird zunehmende Wasserlöslichkeit von der Lithiumverbindung zur Cäsiumverbindung beobachtet. Bei gegebenem Kation nimmt D_{het} (ebenso D_{hom}) vom Fluorid zum Jodid ab, entsprechend den vom Fluorid zum Jodid zunehmenden Löslichkeiten (Tab. 23).

Tabelle 23. *Homolytische und heterolytische Dissoziationsenthalpien von Alkalimetallhalogeniden* [kcal/mol]

Fluorid	D_{hom}	D_{het}	Chlorid	D_{hom}	D_{het}
LiF	137	180	LiCl	115	154
NaF	107	145	NaCl	98	132
KF	118	137	KCl	101	116
RbF	119	134	RbCl	102	113
CsF	121	130	CsCl	101	106

Bromid	D_{hom}	D_{het}	Jodid	D_{hom}	D_{het}
LiBr	101	146	LiJ	81	133
NaBr	88	128	NaJ	71	118
KBr	91	112	KJ	77	105
RbBr	90	107	RbJ	77	101
CsBr	91	102	CsJ	75	93

Bei den Halogenwasserstoffen nimmt D_{het} (ebenso D_{hom}) mit zunehmender Ordnungszahl des Halogenatoms ab (Tab. 24); im Einklang damit nimmt die Ionisierbarkeit der Halogenwasserstoffe in Wasser in der Reihenfolge HF $\ll$ HCl $<$ $<$ HBr $<$ HJ zu.

Tabelle 24. *Homolytische und heterolytische Dissoziationsenthalpien von Halogenwasserstoffen* [kcal/mol]

	D_{hom}	D_{het}
HF	134	366
HCl	102	330
HBr	87	321
HJ	71	312

Auch bei den elementaren Halogenen steigt die Tendenz zur Ionisation mit zunehmender Ordnungszahl des Halogens: F^+-Ionen sind unbekannt, und es nimmt die Stabilität in der Reihenfolge $Cl^+ < Br^+ \ll J^+$ zu; flüssiges Fluor und Chlor zeigen praktisch keine, flüssiges Brom zeigt nur eine sehr geringe, geschmolzenes Jod eine merkliche Eigenionisation. Dieses Verhalten entspricht dem Gang der heterolytischen Dissoziationsenthalpien, nicht aber dem der homolytischen Dissoziationsenthalpien (Tab. 25).

Tabelle 25. *Homolytische und heterolytische Dissoziationsenthalpien der Halogene* [kcal/mol]

Halogen	D_{hom}	D_{het}
F_2	37	386
Cl_2	57	271
Br_2	45	239
J_2	36	205

Bei den Thallium(I)-halogeniden nimmt D_{het} vom Chlorid zum Jodid hin ab, abweichend vom Gang der Löslichkeiten. Ähnlich liegen die Verhältnisse bei den

Silberhalogeniden, wo D_{het} annähernd konstant ist, die Löslichkeiten aber vom Chlorid zum Jodid stark abnehmen. Diese Abweichungen sind dadurch verursacht, daß D_{het} nur für die Ionisation im gasförmigen Zustand maßgeblich ist, zur Beurteilung der Löslichkeit eines Kristalls aber auch die Sublimationsenthalpie, Solvatationsenthalpie und die jeweiligen Entropieänderungen in Rechnung gestellt werden müssen (Tab. 26).

Tabelle 26. *Homolytische und heterolytische Dissoziationsenthalpien von Thallium(I)- und Silberhalogeniden* [kcal/mol]

TlX	D_{hom}	D_{het}	AgX	D_{hom}	D_{het}
TlCl	87	143	AgCl	72	162
TlBr	78	140	AgBr	69	165
TlJ	65	134	AgJ	60	163

Es ist bekannt, daß die C-F-Bindung schwer ionisierbar ist. D_{het} ist für diese Bindung höher als für die C-Cl-Bindung, deren D_{het} etwa gleich groß ist wie für die C-Br- und C-J-Bindung, während D_{hom} große Unterschiede zeigt. Unter gegebenen Verhältnissen ist also die C-J-Bindung zur Ionisation etwa in gleichem Maße befähigt wie die C-Cl-Bindung.

Tabelle 27. *Homolytische und heterolytische Dissoziationsenthalpien der C-X-Bindungen* [kcal/mol]

C—X	D_{hom}	D_{het}
C—F	121	300
C—Cl	68	243
C—Br	65	247
C—J	53	241

Bei mehratomigen Molekülen ist aber die Angabe von homolytischen bzw. heterolytischen Dissoziationsenthalpien problematisch, da sowohl die homolytischen Dissoziationsenthalpien als auch Ionisierungspotential I_A und Elektronenaffinität E_B der Atome A und B von der Natur der mit A bzw. B noch verbundenen Atome bzw. Gruppen abhängen. So beträgt z. B. D_{hom} für die C-N-Bindung in Nitromethan etwa 55 kcal/mol und in Methylamin etwa 80 kcal/mol. Es ist nicht möglich, für eine C-C-, C-N-, C-O-, N-N-Bindung usw. einen bestimmten Wert von D_{hom} oder D_{het} anzugeben; außerdem sind Ionisierungspotentiale bzw. Elektronenaffinitäten nur in wenigen Fällen bekannt.

Werte für D_{hom} und D_{het} lassen sich für eine Anzahl anorganischer Verbindungen vom Typ AB_n angeben, wenn man das Dissoziationsschema

$$AB_n \rightarrow A + n\,B$$
$$\downarrow$$
$$A^{n+}\ n\,B^-$$

zugrunde legt.

Je größer n ist, um so geringer ist die Wahrscheinlichkeit, in Lösung solvens-koordinierte Kationen A^{n+} anzutreffen. In den meisten Fällen wird die Ionisation einer Verbindung AB_n nicht vollständig zu A^{n+} und n B^- erfolgen,

$$AB_n \rightleftharpoons [AB_{(n-1)}]^+ + B^-$$
$$[AB_{(n-1)}]^+ \rightleftharpoons [AB_{(n-2)}]^{2+} + B^- \quad \text{usf.}$$

da meist nur der erste Teilschritt ausgeprägt ist. Werte für D_{hom} und D_{het} für die einzelnen Teilschritte lassen sich mangels thermochemischer Daten nicht be-rechnen.

Tabelle 28. *Homolytische und heterolytische Dissoziationsenthalpien einiger weiterer Verbindungen* [kcal/mol]

Verbindung	D_{hom}	D_{het}	Verbindung	D_{hom}	D_{het}
H_2	103	400	NF_3	195	2057
LiH	58	166	PF_3	351	1511
NaH	47	150	AsF_3	333	1446
KH	43	127	PCl_3	234	1382
RbH	39	119	$AsCl_3$	210	1311
CsH	42	116	$SbCl_3$	222	1131
BF_3	462	1864	$BiCl_3$	201	1154
BCl_3	327	1717	PBr_3	189	1355
BBr_3	270	1678	$AsBr_3$	174	1293
SiF_4	540	2596	PJ_3	132	1319
$SiCl_4$	364	2404	AsJ_3	129	1269
$SiBr_4$	296	2360	ClF	61	280
SiJ_4	224	2316	BrCl	52	240
$GeCl_4$	324	2379	JCl	50	206
$GeBr_4$	264	2343	JBr	42	204
GeJ_4	204	2311	CuCl	88	181
$SnCl_4$	304	2084	CuBr	78	177
$SnBr_4$	260	2064			

Aus den thermochemischen Daten lassen sich Schlüsse über die Natur der chemischen Bindung ziehen. Da dies über den Rahmen der chemischen Funktions-lehre hinausgeht, wird hierüber an anderer Stelle berichtet werden[1].

---

[1] V. GUTMANN und U. MAYER, wird in „Structure and Bonding" erscheinen.

Sachverzeichnis